中国地质大学(武汉)实验教学系列教材
中国地质大学(武汉)实验技术研究经费资助

物理化学实验

WULI HUAXUE SHIYAN

王君霞　洪建和　周　森　戴　煜　等编著

图书在版编目(CIP)数据

物理化学实验/王君霞等编著.—武汉:中国地质大学出版社,2022.7

ISBN 978-7-5625-5359-5

Ⅰ.①物…
Ⅱ.①王…
Ⅲ.①物理化学-化学实验-高等学校-教材

中国版本图书馆 CIP 数据核字(2022)第 134459 号

物理化学实验 王君霞 洪建和 周 森 戴 煜 **等编著**

责任编辑:王凤林 责任校对:唐然坤

出版发行:中国地质大学出版社(武汉市洪山区鲁磨路 388 号) 邮编:430074
电 话:(027)67883511 传 真:(027)67883580 E-mail:cbb@cug.edu.cn
经 销:全国新华书店 http://cugp.cug.edu.cn

开本:787 毫米×1092 毫米 1/16 字数:234 千字 印张:9.25
版次:2022 年 7 月第 1 版 印次:2022 年 7 月第 1 次印刷
印刷:湖北睿智印务有限公司 印数:1—1000 册

ISBN 978-7-5625-5359-5 定价:30.00 元

中国地质大学(武汉)实验教学系列教材
编委会名单

前　言

化学是一门实验与理论并重的科学，而物理化学实验则是与物理化学理论教学相辅相成的一门重要基础课程。物理化学实验是研究化学基本理论和解决化学问题的重要手段与方法，可以帮助学生掌握和运用化学学科中的基本实验方法与技能，提高学生实验数据处理和实验结果分析的能力，培养并增强学生的动手能力、科学思维能力、逻辑思维能力、分析和解决问题的能力以及创新能力等，从而为学生进一步深造或工作打下扎实的化学实验基础。

本教材主要内容包括5章。第1章为绪论，介绍了物理化学实验的目的和要求，以及物理化学实验室安全与防护；第2章为实验数据处理，详细地介绍了实验误差和有效数字的正确处理，以及误差传递——间接测量结果的误差计算，并重点介绍了实验数据的表达方式、计算机处理实验数据及作图；第3章为基础测量技术及实验仪器，介绍了物理化学实验中的温度测量与控制、压力测量与控制等，重点介绍了电化学测量仪器和光学测量仪器的工作原理、操作方法和使用注意事项；第4章为基础实验，包括23个具有代表性的经典实验，其均与物理化学理论课程紧密结合，从而巩固、强化学生对实验基本理论和基本概念的理解，切实提高学生解决实际问题的能力；第5章为综合性和设计性实验，包括9个实验，实验内容强调综合性和研究性，注重培养学生的科学思维和创新意识，学生可根据自身的兴趣选做不同的实验。

本教材是中国地质大学（武汉）物理化学课程组全体教师长期理论和实验教学的成果。编者在编写过程中做到由浅入深、由易到难，保证使教材内容既涵盖了经典实验，又扩充了现代物理化学的新进展、新技术及与应用密切关联的综合设计实验，体现了该实验教材的基础性、系统性、应用性、综合性和设计性等特点。

本教材由王君霞、洪建和、周森和戴煜等编著，全书最后由王君霞和洪建和进行统稿与定稿。

编者在编写过程中参考了国内多种相关实验教材，还得到了中国地质大学（武汉）材料与化学学院从事物理化学实验及中级物理化学实验教学老师们的许多帮助，在此一并感谢。本教材在编写以及出版过程中得到了中国地质大学（武汉）实验室设备处的大力支持，在此特别表示衷心的谢意。

由于编者的水平和经验有限，本教材难免存在一些不足和疏漏，敬请专家、同行和广大读者给予批评与指正。

编著者

2022年5月

目　录

1 绪 论

1.1 物理化学实验的目的和要求

物理化学实验是化学实验课程的一个重要分支,它综合了物理化学领域中各个分支所需要的基本研究工具和方法。物理化学实验通过实验的手段,研究物质的物理化学性质以及这些物理化学性质与化学反应之间的关系。

物理化学实验课的主要目的是使学生掌握物理化学实验的基本方法和技能。该课程通过实验操作、现象观察和记录、实验数据处理、实验结果分析和归纳等环节,培养学生分析问题、解决问题的能力;通过物理化学实验教学,还可以加深学生对物理化学中某些重要基本理论和概念的理解,提高学生灵活运用物理化学原理的能力。

为了达到上述目的,要求做到以下几点。

1. 实验预习

学生在实验前必须充分预习。要求学生在实验前明确实验的目的与要求,掌握实验所依据的基本理论,明确需要测定的量,了解实验步骤及所用仪器,对于贵重精密的仪器最好能对照实物进行预习,掌握其构造、性能和操作规程。在预习的基础上写出实验预习报告。预习报告要求简要地写出实验目的、实验步骤,根据实验中需要记录的数据,详细地设计出一个原始数据记录表,这个表格应充分反映操作程序。预习报告应写在一个专门的记录本上,以便保存完整的实验数据记录。预习报告在实验前须交指导教师检查,同时指导教师要根据学生的预习情况进行必要的提问。

2. 实验操作

按指定实验台进行实验。仪器装置安装好后,须经指导教师检查后方能进行实验。严格按实验操作规程进行,仔细观察实验现象,对于特异或反常现象应详细记录,并认真分析和思考,或请指导教师帮助分析处理。

原始数据应如实记在专门的实验记录本上,不得用铅笔记录原始数据。记录数据要求完整、准确、真实、清楚,对原始数据不能随意涂改、任意取舍。更改记错数据的方法为在原数据上划一条横线表示作废,在旁边另写更正的数据。数据记录尽量表格化,实验名称、日期、同组人、使用仪器的型号规格都应认真记录,常规环境条件(如室温、实验温度、大气压等)也应例行填写，养成良好的记录习惯。实验完毕，应将数据交教师审查合格后，再清理、拆卸实验装置。

3. 实验报告

撰写实验报告是整个实验过程中的一项重要环节。要求学生开动脑筋、钻研问题、耐心计算、仔细写作，以达到加深理解实验内容、提高写作能力和培养严谨科学态度的目的。

实验报告应简明扼要地写出实验目的、原理、仪器及试剂、实验操作步骤、数据处理、结果和讨论等。实验部分不必过于繁琐，最好能以简单清楚的“方框流程图”示意，但对于关键操作及观察到的特异现象应仔细描述。数据处理中应写出计算公式，各种量的单位应正确表示。所有数据力求以表格形式表示，作图应按要求使用坐标纸。

结论和讨论是整个实验的精华。同一实验，即使是两人合作进行的，其结果和认识也会大不相同，这就反映出学生观察和分析问题的水平。对每一个实验，学生如能对每一步都能细心观察和思考、对数据和现象进行严格的分析探讨，无疑将会发现更多的问题，提出更多的设想，获得更广泛深入的认识，从而提高分析问题与解决问题的能力。

4. 综合性及设计性实验要求

在综合性及设计性实验开设过程中，要求在教师的指导下，学生自己查阅文献、设计实验方案、选择实验条件、配制和标定溶液、安装仪器设备，并按要求完成全部实验内容。实验设计方案应包括实验装置示意图、详细的实验步骤，并列出所需的实验仪器、药品清单等。在实验开始前两周将设计方案交给任课老师，并进行实验可行性论证，优化实验方案。

实验结束后，要求学生采用科学论文的形式写出实验报告，以此提高学生综合运用化学实验技能和基础知识解决实际问题的能力。

1.2　物理化学实验室安全与防护

物理化学实验室经常使用各种仪器设备和化学药品，以及水、电、高压气体等。为保证实验的顺利进行，学生必须树立安全实验意识，了解和掌握必要的安全防护知识。

1. 安全用电与防护

物理化学实验室需要使用各种各样的电器，需熟悉用电常识，注意安全用电。实验室所用电源主要是50Hz的交流电，分为单相220V和三相380V两种，其电压远高于人体的安全电压(36V)。实验室安全用电具体注意事项如下。

(1)操作电器时，手必须干燥。

(2)注意实验室和每路电线的最大用电负荷，使用电器时不得超载。

(3)要禁止高温热源靠近电线。

(4)实验时，应先连接好电路，再接通电源；实验结束时，先切断电源，再拆线路。

(5)实验室的电器设备与电路不得私自拆卸和修理，也不能自行加接电器设备和电路，必须由专门的技术人员进行操作。

(6)实验结束后应及时关闭仪器，最后离开实验室时应关闭照明设施及电源总闸。

(7)遇到有人触电时，首先要立即切断电源，然后对触电者进行急救，情况严重者应迅速送其就医。

2. 化学药品的安全使用与防护

在使用有毒、易爆、易挥发和腐蚀性药品时，要注意防毒、防爆、防燃、防灼伤等。

(1)防毒。实验前应了解所用化学药品的毒性及防护措施。操作有毒性的化学药品时，应在通风橱内进行，佩戴专用手套，避免与皮肤接触。实验结束后，对产生的有毒有害物质进行分类回收，将实验用品清洗干净并放回原处。为防止被毒物污染，不允许在实验室内喝水、吃东西，离开实验室前要洗净双手。

(2)防爆。当可燃气体与空气混合物的比例处于爆炸极限时，受到热源诱发将会引起爆炸。因此，使用时要尽量防止可燃性气体逸出，保持室内通风良好。

(3)防燃。许多有机溶剂非常容易燃烧，使用时室内不能有明火、电火花等。用后要及时回收处理，不可倒入下水道，以免汇聚后引起火灾。

(4)防灼伤。强酸、强碱、强氧化剂等都会腐蚀皮肤，特别要防止其溅入眼内。进实验室前应穿好实验服，对全身进行保护，防止有毒有害物质溅射到身上以造成损伤。取用腐蚀性化学试剂时，应佩戴化学护目镜，以防止有刺激性或腐蚀性的溶液对眼睛造成损伤。

3. 气体钢瓶的安全使用

在物理化学实验中，常用到氧气、氮气、氢气等气体，这些气体一般储存在专用的高压气体钢瓶中。当气体钢瓶内充满气体时，一般最大压力为 15MPa。使用钢瓶中的气体，要通过减压阀使气体压力降至实验所需范围，再经过其他控制阀门细调后才能输入使用系统。气瓶属于高压容器，必须严格遵守安全使用规程以防止事故发生。

2 实验数据处理

2.1 实验误差

做科学实验的目的是找出被研究变量间的规律，继续深入认识客观世界和有效服务生产实践。因此，我们一方面要对实验方案进行分析研究，选择适当的测量方法进行数据的直接测量；另一方面必须将所得数据加以归纳整理，去伪存真，从而得出正确的结论。要完成这两方面的工作，树立正确的误差概念是很有必要的。

2.1.1 准确度和精密度

准确度是指测量值与真实值符合的程度。准确度的高低常以误差的大小来衡量，即误差越小，准确度越高。实际测量值都只能是近似值，我们所指的真实值是用校正过的仪器多次测量所得的算术平均值或者是载于文献手册的公认值。

精密度是指测量中所测数值重复性的好坏，如果所测数据重复性好，那么实验结果的精密度高。精密度的大小用偏差表示，偏差越小则精密度越高。

在多次测量同一物理量中，尽管精密度很高，但准确度不一定好。例如在 1 个标准大气压下，测量水的沸点 50 次，假如每次测量的数值都在 98.2～98.3℃之间，这表明所测数值重复性好，也就是这些测量的精密度很高，但是它们并不准确，因为在 1 个标准大气压下，水的沸点是 100℃。可见，高的精密度不能保证高的准确度，但高的准确度必须由高的精密度来保证。

2.1.2 误差种类及产生的原因

任何测量中，无论所用的仪器如何精密完善、实验者如何小心翼翼，所得结果仍不能完全一致，常会有一定的差异。观测值和真值之差称为误差，观测值和所有观测值的平均值之差称为偏差，习惯上将二者混用而不加以区别。

根据误差产生的原因和性质，可以将误差分为系统误差和偶然误差两大类。

1. 系统误差

这种系统误差是由一定原因引起的，它使测量结果恒偏大或恒偏小，其数值或是基本不变，或是按一定规律而变化的，但总可以设法加以确定。因而在多数情况下，它们对测量结果的影响可以用改正量来校正。

产生系统误差的原因主要包括以下几种。

(1)测量方法本身的限制:如应用固-液界面吸附测定溶质分子的横截面积,因实验原理中没有考虑溶剂的吸附,所以测定结果必然会出现系统误差。

(2)对实验理论探讨不够,或者考虑影响因素不全面:如称量时未考虑空气的浮力、温度计读数没有校正等。

(3)仪器、药品带来的误差:如滴定管、移液管的刻度不准确,天平不灵敏,药品不纯净引起所配溶液的浓度不准确等。

(4)实验者本人习惯性的误差:如滴定时对溶液颜色的变化不敏感;读数时习惯偏向一侧;使用秒表时,总是按得较快或较慢等。

系统误差恒偏向一方,增加实验次数后仍不能使之消除,可采取下列措施消除系统误差:①仔细考虑所用的实验方法、计算公式,并采取措施尽量减小由此产生的系统误差;②用标准样品或标准仪器校正由仪器所产生的系统误差;③用纯化样品校正由样品不纯引起的系统误差;④用标准样品校正由实验者本人习惯引起的系统误差。

2. 偶然误差

偶然误差又称随机误差,是指测定值受各种因素的随机变动而引起的误差。即使系统误差已被改正,但在同一条件下,以同等仔细程度对某一个量进行重复观察时,仍会发现测量值间存在微小差别,这种差别的产生是没有一定原因的,差值的符号和大小也不确定,例如观察温度或电流时呈现微小的起伏、估计仪器最小分度时而偏大或偏小、在判断滴定终点时对指示剂颜色变化的观察每次不可能完全相同等。

在任何测量中,偶然误差总是存在的,但在同样的条件下,用同一精度的仪器,对同一物理量做多次重复测量,则可发现偶然误差完全服从统计规律。误差的大小及正负完全由概率决定。因此,随着测量次数的增加,偶然误差的算术平均值将趋于零,多次测量结果的平均值将趋于真值。

除以上两类误差外,还有一种误差称为过失误差,这是由实验过程中操作者犯了某种不应有的错误引起的,如读数、记录、计算出错,或实验条件的突然改变。如果实验中发现了过失误差,应及时纠正,并将所得数据丢弃。只要操作者工作认真、操作正确,过失误差就可以完全避免。

由于系统误差可以消除,过失误差不能允许,因此本书后文所讲的误差如无特别指明,都是指偶然误差。

误差可用绝对误差和相对误差来表示:

$$\text{绝对误差}=\text{测量值}-\text{真值} \tag{2-1}$$

$$\text{相对误差}=\text{绝对误差}/\text{真值}\times 100\% \tag{2-2}$$

绝对误差的单位与被测量的量是相同的,而相对误差是无因次的,因此不同的物理量的相对误差是可以比较的。采用相对误差来衡量测定的准确度更具有实际意义。

2.1.3 可疑观察值的舍弃

偶然误差服从正态分布规律，即正、负误差具有对称性。从概率的理论可知，偏差大于 3σ 的数据出现的概率只有 0.3%。因此，特大误差出现的概率接近零时，在一组相当多的数据中，偏差大于 3σ 的数据可以舍弃。

当测量次数较少时，概率论已不适用，Goodwin(1934)提出一个简单的判断法，即略去可疑观察值后，计算其余各观察平均值及平均偏差 ϵ，然后算出可疑观察值与平均值的偏差 d。如果 $d \geqslant 4\epsilon$，则此可疑值可以舍弃，因为这种观测值存在的概率大约只有千分之一。

2.2 有效数字

为了取得准确的结果，我们不仅要准确进行测量，而且要正确记录与计算。

所谓正确记录是指正确记录数字的位数。因为数据的位数不仅表示数字的大小，而且也反映了测量的准确程度。当记录一个测量的量时，所记数字的最后一位为仪器最小刻度以内的估计值，称为可疑值，前几位为准确值，这样一个数字称为有效数字，它的位数不可随意增减。例如滴定管的最小刻度为 $0.1\,cm^3$，在读数时只能估计到 $0.01\,cm^3$，不能估计出 $0.001\,cm^3$。因此假如一读数为 $32.47\,cm^3$，有效数字是 4 位，末一位数字 7 是不准确的或是可疑的，而前面的 3 位数则是准确的，读数误差为 $\pm 0.01\,cm^3$。

有效数字的位数与十进制单位的变换无关，与小数点位数无关，如 (1.35 ± 0.01) m 与 (135 ± 1) cm 完全一样，反映了同一个实际情况，即都有 0.7% 的误差。但在另一种情况下，例如 15 800 这个数值就无法判断后面两个 0 究竟是用来表示有效数字的，还是用来表示小数点位置的。为了避免这种混淆，常采用指数表示法，例如 15 800 若表示 3 位有效数字，则可写成 1.58×10^4；若表示 4 位有效数字，则可写成 1.580×10^4。又如 0.000 000 135 只有 3 位有效数字，则可写成 1.35×10^{-7}。指数表示法不但避免了与有效数字的定义发生矛盾，还简化了数值的写法，利于计算。

对于 pH、$\lg K$ 等对数值，其有效数字位数仅决定于小数部分的数字位数，如 $\lg 317.2 = 2.5013$，为 4 位有效数字。

运算中对有效数字位数的取舍规则如下。

(1)表示误差的有效数字一般只取一位，最多不超过两位，如 (32.47 ± 0.01)、(1.4 ± 0.1)。

(2)有效数字的位数越多，数值的精度也越高，即相对误差越小，如 (1.35 ± 0.01) m 为 3 位有效数字，相对误差为 0.7%；(1.3500 ± 0.0001) m 为 5 位有效数字，相对误差为 0.007%。

(3)若第一位数字等于或大于 8，则有效数字的总数可以多算一位。例如 9.15 虽然实际上只有 3 位有效数字，但在运算时，可以看作 4 位。

(4)运算中舍弃过多的不定数值时，应用“四舍六入，逢五尾留双”的法则。例如将 9.345 化为 3 位数，为 9.34。

(5)在加减运算中,各数值小数点后所取的位数,以其中小数点后位数最少的为准,如0.012 1、25.64 和 1.057 8 相加,其和应为 26.71。

(6)在乘除运算中,保留的有效数字应以其中有效数字最少者为准。例如 $1.436\times0.205\ 68\div25.0=1.18\times10^{-2}$。

(7)计算式中的常数如 π、e,一些倍数或分数关系及某些取自手册的常数或常量,可以根据需要取有效数字。例如当计算式中有效数字最低者是 3 位,则上述常数取 3 位或 4 位即可。

有效数字的运算法目前还没有统一的规定,可以先修约后运算,也可以直接用计算器计算,然后修约到应保留的位数,其计算结果可能稍有差别,不过也是在最后的可疑数字上稍有差别,但影响不大。

2.3　误差传递——间接测量结果的误差计算

在大多数情况下,要对几个物理量进行测量,再通过函数关系加以运算,才能得到所需的结果,这种测量方法称为间接测量。在间接测量中,每个直接测量值的准确度都会影响最后结果的准确度,因此须明确直接测量值的误差对间接测量值误差的影响,从而找出最大误差来源,以便合理配置仪器和选择实验方法。这一过程常称为“误差分析”。

误差分析本限于对结果最大误差的估计,因此对各直接测量值,只须预先知道其最大误差范围就够了。当系统误差已经消除而操作控制又足够精密时,通常可用仪器读数精度来表示测量误差范围,如分析天平误差范围是±0.000 2g、$50cm^3$ 滴定管误差范围是 $\pm0.02cm^3$ 等。但有时操作控制精度与仪器精度不相符合。例如恒温系统温度的无规律变化是±1℃,而测温用的温度计的精度是±0.1℃,这时的测温误差主要是由温度控制的精度来决定的。

2.3.1　间接测量结果的平均误差计算

设有函数 $U=f(x,y)$,其中 U 由直接测量值 x,y 决定,则:

$$dU=\left(\frac{\partial U}{\partial x}\right)_y dx+\left(\frac{\partial U}{\partial y}\right)_x dy \tag{2-3}$$

设各自变量的绝对误差 $\Delta x,\Delta y$ 很小,可代替它们的微分 dx,dy。在估计函数的最大误差时,应考虑到不利的情况是:直接测量值的正负误差不能抵消,从而引起误差积累。故算式中各直接测量值的误差取绝对值,这时间接测量值的绝对误差为:

$$\Delta U=\left|\frac{\partial U}{\partial x}\right||\Delta x|+\left|\frac{\partial U}{\partial y}\right||\Delta y| \tag{2-4}$$

部分函数的绝对误差和相对误差计算公式列于表 2-1 中。从表中可看出,对于加减运算,间接量的绝对误差等于各直接量的绝对误差之和;对于乘除运算,间接量的相对误差等于各直接量的相对误差之和。

表 2-1 部分函数的误差计算公式

函数关系	函数微分 dU	绝对误差 ΔU	相对误差 $\Delta U/U$
$U=x+y$	$dx+dy$	$\pm(\lvert\Delta x\rvert+\lvert\Delta y\rvert)$	$\pm\left(\frac{\lvert\Delta x\rvert+\lvert\Delta y\rvert}{x+y}\right)$
$U=x-y$	$dx-dy$	$\pm(\lvert\Delta x\rvert+\lvert\Delta y\rvert)$	$\pm\left(\frac{\lvert\Delta x\rvert+\lvert\Delta y\rvert}{x-y}\right)$
$U=xy$	$ydx+xdy$	$\pm(y\lvert\Delta x\rvert+x\lvert\Delta y\rvert)$	$\pm\left(\frac{\lvert\Delta x\rvert}{x}+\frac{\lvert\Delta y\rvert}{y}\right)$
$U=\frac{x}{y}$	+	$\pm\left(\frac{y\lvert\Delta x\rvert+x\lvert\Delta y\rvert}{y^2}\right)$	$\pm\left(\frac{\lvert\Delta x\rvert}{x}+\frac{\lvert\Delta y\rvert}{y}\right)$
$U=x^n$	$nx^{n-1}dx$	$\pm(nx^{n-1}\Delta x)$	$\pm\left(n\frac{\Delta x}{x}\right)$
$U=\ln x$		$\pm\left(\frac{\Delta x}{x}\right)$	$\pm\left(\frac{\Delta x}{x\ln x}\right)$

例如以苯为溶剂、用凝固点降低法测定萘的相对摩尔质量时，由下式计算：

$$M=\frac{K_f m_B}{m_A(t_0-t)} \tag{2-5}$$

式中：t_0为纯溶剂凝固点；t为溶液凝固点；m_A为溶剂质量；m_B为溶质质量；溶剂的凝固点下降常数K_f为5.12K·kg/mol。间接测量值的相对误差为：

$$\frac{\Delta M}{M}=\pm\left(\frac{\lvert\Delta m_A\rvert}{m_A}+\frac{\lvert\Delta m_B\rvert}{m_B}+\frac{\lvert\Delta t_0\rvert+\lvert\Delta t\rvert}{t_0-t}\right) \tag{2-6}$$

称量的精度一般都较高，只进行一次测量。假定在分析天平上称量溶质的质量$m_B=0.1472$g，仪器精度为0.000 2g；在粗天平上称量溶剂质量$m_A=20.00$g，其仪器精度为0.05g。质量称量的相对误差为：

$$\frac{\lvert\Delta m_A\rvert}{m_A}=\frac{0.05\text{g}}{20.00\text{g}}=2.5\times10^{-3}$$

$$\frac{\lvert\Delta m_B\rvert}{m_B}=\frac{0.0002\text{g}}{0.1472\text{g}}=1.4\times10^{-3}$$

由于测定凝固点的操作条件难以控制，为了提高精度而采用多次测量。用精确度为0.002℃的精密温差测量仪测量溶剂凝固点3次的结果是5.800℃、5.790℃、5.802℃。

纯溶剂凝固点的平均值：

$$\overline{t_0}=\frac{(5.800+5.790+5.802)℃}{3}=5.797℃$$

各次测量绝对误差：

$$\Delta t_{01}=(5.800-5.797)℃=+0.003℃$$

$$\Delta t_{02}=(5.790-5.797)℃=-0.007℃$$

$$\Delta t_{03}=(5.802-5.797)℃=+0.005℃$$

平均绝对误差：

$$\Delta \overline{t_0} = \pm \frac{0.003 + 0.007 + 0.005}{3} = \pm 0.005℃$$

测量溶液凝固点3次的结果是5.500℃、5.504℃、5.495℃。

平均值：

$$\bar{t} = 5.500℃$$

平均绝对误差：

$$\Delta\bar{t} = \pm \frac{(0.000 + 0.004 + 0.005)℃}{3} = \pm 0.003℃$$

$$\frac{|\Delta t_0| + |\Delta t|}{t_0 - t} = \frac{(0.005 + 0.003)℃}{(5.797 - 5.500)℃} = \frac{0.008℃}{0.297℃} = 2.7 \times 10^{-2}$$

$$\frac{\Delta M}{M} = \pm (2.5 \times 10^{-3} + 1.4 \times 10^{-3} + 2.7 \times 10^{-2}) = \pm 3.1 \times 10^{-2}$$

$$M = \frac{5.12 \times 0.1472}{0.297 \times 20.00} = 127(\mathrm{g \cdot mol^{-1}})$$

$$\Delta M = \pm 3.1 \times 10^{-2} \times 127 = \pm 3.9(\mathrm{g \cdot mol^{-1}})$$

故结果可写成：萘的相对摩尔质量 $M_r = (127 \pm 4)\mathrm{g \cdot mol^{-1}}$。

从直接测量值的误差来看，测定相对摩尔质量时最大的相对误差来源于温度差的测量，而温度差测量的相对误差则取决于测温的精度和温差的大小。测温精度受温度计精度和操作技术条件的限制。增多溶质可使凝固点下降增大，即能增大温差，当溶液浓度增加到不符合上述公式要求的稀溶液条件时，引入另一系统误差。

计算结果表明，由于溶剂用量较大，使用粗天平时，其相对误差仍然不大。因此，提高称重的精度并不能增加测定的精度，过分精确的称量（如用分析天平称溶剂质量）是不适宜的。当然，溶质用量较少，故需用分析天平称量。

从上面的分析情况可知，实验的关键是温度的读数。因此，在实验操作中，有时为了避免过冷现象的出现影响温度读数，而加入少量固体溶剂作为晶种，反而能获得较好的结果。可见事先了解各个所测量的误差及其影响，就能指导我们正确地选择实验方法，选用精度相当的仪器，抓住测量的关键，得到较好的结果。

只有当测量的操作控制精度与仪器精度相符合时，才能以仪器精度估计测量的最大误差。如上例中，精密温差测量仪的读数精度可达±0.002℃，但测定温差的最大误差可达±0.008℃。

2.3.2 间接测量结果的标准误差计算

设直接测量的数据为 x 和 y，其函数关系为 $U = f(x, y)$，则计算间接测量结果标准误差的普遍公式为：

$$\sigma_U = \sqrt{\left(\frac{\partial U}{\partial x}\right)^2 \sigma_x^2 + \left(\frac{\partial U}{\partial y}\right)^2 \sigma_y^2} \tag{2-7}$$

2.4 实验数据的表达方式

物理化学实验数据的表达方式主要有 3 种:列表法、作图法和方程式法。下面分别叙述这 3 种方法的应用及注意事项。

2.4.1 列表法

物理化学实验常可以得到大量的数据,应该尽可能列表使其整齐有规律地表达出来,便于运算处理,同时也便于检查,以减少差错。列表时应注意以下几点(实例参见表 2-2)。

表 2-2 液体饱和蒸气压测定数据表

t/℃	T/K	$(10^3/T)/K^{-1}$	p/kPa	$\ln(p/kPa)$
63.28	336.43	2.972	24.49	3.198 3
73.60	346.75	2.884	37.57	3.626 2
82.57	355.72	2.811	53.50	3.979 7
91.90	365.05	2.739	76.40	4.336 0
99.65	372.80	2.682	100.18	4.607 0

(1)每一表格应有编号及简明完备的名称。

(2)每一变量应占表中一行(列),每一行(列)的第一列(行)写上该行(列)变量的名称及单位,表示为“物理量/单位”。表中其他行或列所列数值应为纯数。

(3)自变量选择时最好使其数值依次等量递增或递减变化。

(4)每一列中数字的排列要整齐,位数和小数点要对齐,应特别注意有效数字的位数。

2.4.2 作图法

利用作图法来表达物理化学实验数据有许多优点,首先它能清楚地显示出所研究的变化规律与特点,如极大、极小、转折点、周期性、数量变化的速率等重要性质,其次在图上易于找出所需数据,便于数据的分析比较和进一步得出函数关系的数学表达式。如果曲线足够光滑,可作图解微分和图解积分,有时还可用作图外推以求得实验难以获得的量,作图法的主要应用如下。

(1)内插值。根据实验所得数据,作函数间相互的关系曲线,然后找出与某函数相应的物理量的数值。例如在溶解热的测定中,根据不同浓度时的积分溶解曲线,可以直接找出某一种盐溶解在不同量的水中时所放出的热量。

(2)求外推值。在某些情况下,测量数据间的线性关系可用于外推至测量范围以外,求某一函数的极限值,此种方法称为外推法。例如无限稀释强电解质溶液的摩尔电导率的值不能由实验直接测定,因为无限稀释的溶液本身就是一种极限情况,但可测得浓度很稀的不同浓度溶液的准确摩尔电导率值,然后作图外推至浓度为 0,即得无限稀释溶液的摩尔电导率。

(3)作切线求函数的微商。从曲线的斜率求函数的微商在物理化学实验数据处理中是经常应用的。例如在溶液表面张力的测定实验中，应用表面张力-浓度曲线作切线，由其斜率及相关公式求得各浓度的吸附量。

(4)求经验方程式。如反应速率常数 k 与活化能 E_a 的关系式，即阿仑尼乌斯公式：

$$k=A\exp\left(-\frac{E_a}{RT}\right) \tag{2-8}$$

$$\ln k=\ln A-\frac{E_a}{R}\frac{1}{T} \tag{2-9}$$

以 $\ln k$ 对 $1/T$ 作图，则可得一条直线，由直线的斜率和截距分别可求得活化能 E_a 与指前因子 A 的数值。

(5)由求面积计算相应的物理量(图解积分法)。例如在求电量时，只要以电流和时间作图，求出相应一定时间的曲线下所包围的面积即得电量数值。

(6)求转折点和极值。例如最高恒沸点的测定和最低恒沸点的测定等。

作图步骤及规则如下：

(1)坐标纸的选择。坐标纸有直角坐标纸、半对数或对数坐标纸、三角坐标纸或极坐标纸等，其中直角坐标纸最为常用。在绘制三元体系相图时，要使用三角坐标纸。

(2)坐标标度的选择。在用直角坐标纸作图时，习惯上以自变量为横坐标，因变量为纵坐标，如无特殊需要(如直线外推求截距)，就不必以坐标原点作标度起点，而从略低于最小测量值的整数开始。这样能充分利用坐标纸，也有助于提高作图精度。

(3)坐标比例尺的选择。坐标比例尺的选择极为重要。比例尺选择的一般原则为：要能表示全部有效数字，以便作图法求出各量的准确度与测量的准确度相适应，为此将测量误差较小的量取较大的比例尺；图纸每一小格所对应的数值既要便于迅速简便地读数又要便于计算，如 1、2、5 等分，要避免用 3、7、9 等分；若作的图形为直线，则比例尺的选择应使直线与横坐标的夹角接近 45°。

(4)画坐标轴。选定比例尺后，画上坐标轴，在轴旁注明该轴所代表变量的名称和单位，在纵轴左面和横轴下面每隔一定距离写下该处变量应有之值(标度)，以便作图及读数，但不应将实验值写在坐标轴旁，读数横轴自左至右，纵轴自下而上。

(5)描点。将测得数值以点绘于图上时，点可用■、□、●、○、★、△等不同符号表示。这些符号应有足够大小，以粗略表明测量误差范围。在一张图纸上如有数组不同的测量数据时，应以不同符号表示，并在图上注明。

(6)作曲线。描好点后，借助曲线板、曲线尺或直尺作曲线。曲线应平滑均匀、细而清晰，曲线不必通过所有各点，但各点应在曲线两旁分布，且数量上应近似于相等，各点和曲线间距离表示了测量的误差。曲线与代表点间的距离应尽可能小，并且曲线两侧各点与曲线间距离之和应近于相等。

如果在理论上已阐明自变量和因变量为直线关系，或从描点后各点走向来看是一直线，就应画为直线。直线是曲线中最易作且作图精度最高的线，使用也方便，为了使函数关系能在图上表示成直线，常常将某些函数直线化，即将函数转换成线性函数，详细内容参见方程式法。

(7)图注。写上清楚完备的图名及坐标轴的比例尺。图上除了图名、比例尺、曲线、坐标轴及读数之外,一般不再写其他内容及作其他辅助线。数据亦不要写在图上,但在实验报告上应有相应完整的数据,如图 2-1 所示。

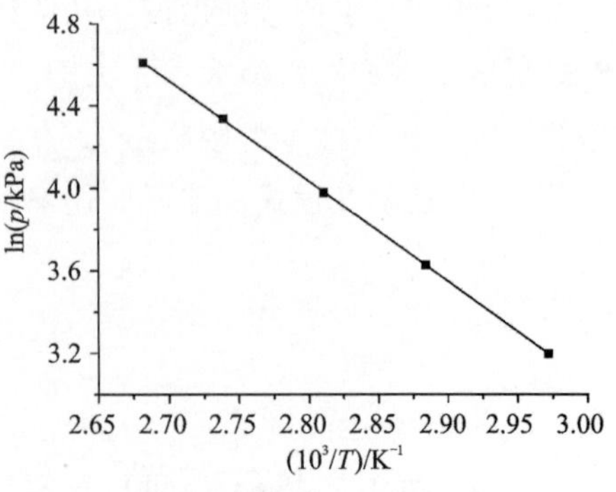

图 2-1　水的饱和蒸气压与温度的关系图

(8)切线的做法。在曲线上作切线,通常用下面两种方法。

镜像法:取一平面镜,使镜面垂直于图面,镜面边缘通过曲线上待作切线的点,然后让镜面边缘绕该点转动,使镜外的曲线和镜中的曲线的像成为一光滑曲线时,沿镜边作直线得到法线,过交点作法线的垂线即得切线(图 2-2)。

平行线段法:在所选择的曲线段上,作两条平行线 AB 和 CD,连接此两线段的中点 MN 并延长,与曲线相交于 O 点,过 O 点作 AB 和 CD 的平行线 EF,则 EF 就是曲线上 O 点的切线(图 2-3)。

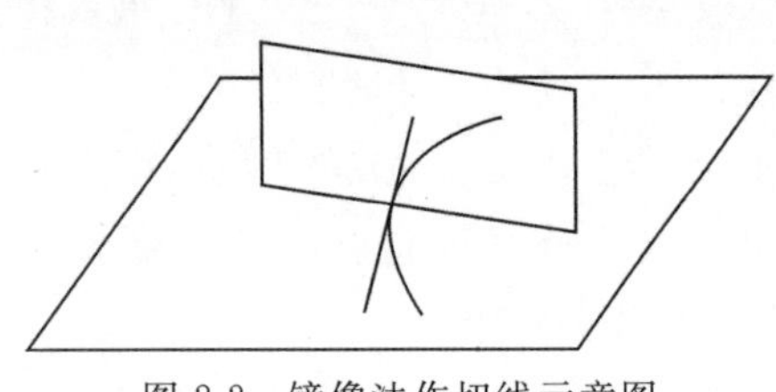

图 2-2　镜像法作切线示意图

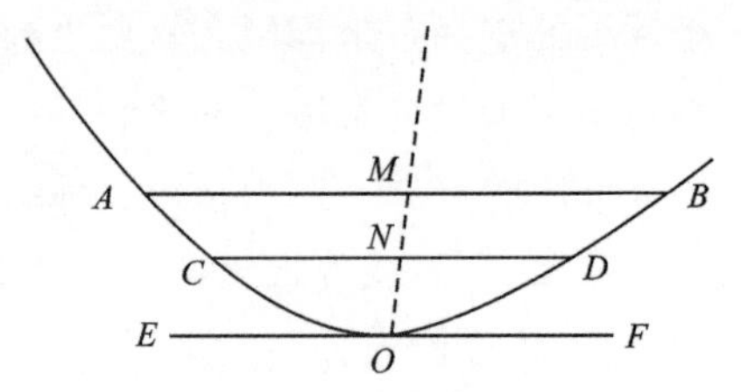

图 2-3　平行线段法作切线示意图

2.4.3　方程式法

每一组实验数据都可以用数字经验方程式表示,它不但表达方式简单,记录方便,而且也便于求微分、积分和内插值。实验方程式是客观规律的一种近似描绘,是理论探讨的线索和依据。

建立经验方程式的基本步骤为:①将实验测定的数据加以整理与校正,选定自变量和因变量并作图绘出曲线;②由曲线的形状,根据解析几何的知识,判断曲线的类型,写出函数形式;③有些函数图形可以通过变量变换化为直线式,常见的例子见表 2-3;④确定直线化经验公式中的参数。

表 2-3　曲线函数图形变换为直线式示例

曲线函数方程式	变换	直线化方程式
$y=ae^{bx}$	$Y=\ln y$	$Y=\ln a+bx$
$y=ax^b$	$Y=\lg y, X=\lg x$	$Y=\lg a+bX$
$y=\dfrac{1}{a+bx}$	$Y=\dfrac{1}{y}$	$Y=a+bx$
$y=\dfrac{x}{a+bx}$	$Y=\dfrac{x}{y}$	$Y=a+bx$

确定直线方程参数的方法有作图法、平均值法和最小二乘法。假设要确定简单方程 $y=a+bx$ 中的参数 a 和 b。

(1)作图法。在直角坐标图上,由数据描点得一直线,根据直线的截距和斜率或线上相距较远的任意两点的值即可求得 a 和 b。

(2)平均值法。平均值法依据的原理为:在一组测量中,正、负偏差出现的机会相等,故在最佳代表线上,所有偏差的代数和将为零。计算步骤为将 n 组数据分别代入直线方程式,得到 n 个直线方程,然后将这 n 个直线方程分成两组,每组方程各自相加,合并得到两个方程。解此两个联立方程,得到直线的两个参数值 a 和 b。

(3)最小二乘法。最小二乘法是较准确的处理方法,其根据是残差的平方和最小。

设有 n 组数据 (x_1,y_1)、(x_2,y_2)、(x_3,y_3)……(x_n,y_n) 适合方程 $y=a+bx$,定义 σ_i 为第 i 组数据的残差,即:

$$\sigma_i = y_i - (a+bx_i) \qquad i=1,2,3,\cdots$$

残差的平方和最小,即 $\Delta = \sum_{i=1}^{n}\sigma_i^2 = \sum_{i=1}^{n}[y_i-(a+bx_i)]^2$ 为最小。由函数有极值的必要条件可知 $\frac{\partial\Delta}{\partial a}$ 和 $\frac{\partial\Delta}{\partial b}$ 等于零,因此可得到下列两个方程式:

$$\begin{cases} \dfrac{\partial\Delta}{\partial a} = -2\sum_{i=1}^{n}[y_i-(a+bx_i)] = 0 & (2\text{-}10) \\ \dfrac{\partial\Delta}{\partial b} = -2\sum_{i=1}^{n}x_i[y_i-(a+bx_i)] = 0 & (2\text{-}11) \end{cases}$$

解上述联立方程式得:

$$a = \frac{\sum xy\sum x - \sum y\sum x^2}{\left(\sum x\right)^2 - n\sum x^2} \tag{2-12}$$

$$b = \frac{\sum x\sum y - n\sum xy}{\left(\sum x\right)^2 - n\sum x^2} \tag{2-13}$$

运用最小二乘法求直线方程的过程即为线性拟合或线性回归,得出的直线方程和实验数据的吻合程度可用相关系数 r 来衡量:

$$r = b\cdot\sqrt{\frac{n\sum x^2-\left(\sum x\right)^2}{n\sum y^2-\left(\sum y\right)^2}} \tag{2-14}$$

数学上可以证明,$0\leqslant|r|\leqslant1$。$|r|=1$ 表明所有实验点都落在拟合的直线上,$|r|=0$ 表明两变量线性无关。一般情况下 $0<|r|<1$,$|r|$ 越接近 1 表示直线拟合程度越好。

最小二乘法在诸数据处理方法中误差最小,然而其计算比较繁杂,人工处理数据时很少采用。但随着计算机的普及,运用最小二乘法进行数据处理变得简单多了。

2.5 计算机处理实验数据及作图

随着计算机的广泛使用,用计算机处理数据已经是必然的趋势。物理化学实验数据繁多，处理复杂费时，且人为误差大，而利用计算机处理实验数据能大大提高实验数据处理的效率和精度，有效地消除数据处理的人为误差。实现最小二乘法的程序和软件已经广泛运用于数据处理中。数据处理与图形的结合，使实验数据处理变得非常方便，而且获得的结果也更为客观。一些数据处理软件，如 Microsoft Excel 电子表格和 Origin 软件等已广泛地应用于实验数据处理中。

2.5.1 应用 Excel 软件处理实验数据

Excel 是微软公司开发的办公自动化软件 Microsoft Office 中的重要成员之一，是 Windows操作平台上著名的电子表格软件，具有强大的制作表格、数据处理、分析数据、创建图表等功能。这里只介绍与数据、图形处理有关的内容，重点介绍公式和函数的应用、图表操作、实验数据的线性回归。

2.5.1.1 数据的输入及格式化

当选中单元格后，就可以从键盘上输入数据。输入的数据同时在选中的单元格中和编辑栏上显示出来。这里的数据包括数值、文本、日期时间及公式等，Excel 工作表会自动判断所输入的数据类型，并按不同类型显示在单元格中。

在单元格中输入数字时，Excel 工作表会按数值格式显示在单元格中，在单元格中自动靠右对齐。横向或纵向输入连续数字时，可移动鼠标至单元格右下角，当鼠标指针变成黑色“＋”号，按下 Ctrl 键并横向或纵向拖动鼠标，可按顺序进行数值填充。

在单元格中输入文本时，Excel 工作表会按文本格式显示在单元格中，在单元格中自动靠左对齐。输入相同文本时，可选择已输入的单元格，移动鼠标指针至单元格右下角，并横向或竖向拖动鼠标，进行填充相同的文本。

在单元格中输入的数据以“＝”开始时，Excel 工作表会按公式格式显示在单元格中。

可以对 Excel 中的单元格设置多种格式，如数字格式、对齐格式、字体格式和边框格式等。数字格式是单元格格式中最有用的功能之一，专门用于对单元格数值进行格式化，其具体的操作方法为：选择需要设置格式的单元格并右击，在弹出的快捷菜单中选择“设置单元格格式”命令，打开“单元格格式”对话框，可以在对话框的“数字选项卡”中看到有关数字格式的各项设置。Excel 提供了常规、数值、货币、时间日期、百分比、分数、科学记数、文本等类型，对每种数据类型都提供了对应的格式。根据需要选择合适的格式类型，如可以通过选择小数的位数来反映实验数据的有效数字，此时单元格将会按四舍五入规则显示最终数据。

需要注意的是，无论为单元格应用了何种数字格式，都只会改变单元格的显示形式，而不会改变单元存储的真正内容；反之，用户在工作表上看到的单元格内容，并不一定是其真正的内容，而可能是原始内容经过各种变化后的一种表现形式。

2.5.1.2 公式

公式是 Excel 的核心。在单元格中输入正确的公式后，会立即在单元格中显示计算结果，如果改变工作表中与公式有关的单元格里的数据，Excel 会自动更新计算结果。

创建公式的步骤为：选定要输入公式的单元格，在单元格中或编辑栏中输入“＝”，输入设置的公式，按 Enter 键或用鼠标单击编辑栏左侧的“√”按钮确认。如果要取消编辑的公式，则可单击编辑栏的“×”按钮。

公式可以由值、运算符、单元格引用、名称或函数组成。Excel 包含 4 种类型的运算符：算术运算符、比较运算符、文本运算符和引用运算符。

在 Excel 中，公式对单元格中的数据进行处理和计算，引用单元格的数据是十分重要的。不管公式中被引用单元格或单元格区域的内容如何变化，引用都可以自动进行更新，公式的计算结果也将自动更新为新的结果。

为方便引用，工作表中的每个单元格都有一个独有的“标识”。这种标识有两种样式，在默认情况下，Excel 使用“A1 引用样式”，即标识由“列标＋行号”组成。表 2-4 中列出了一些常用的引用实例。

表 2-4　引用样式实例表

引用	含义
A10	列 A 和行 10 交叉处的单元格
A10∶A20	在列 A 和行 10 到行 20 之间的单元格区域
B15∶E15	在行 15 和列 B 到列 E 之间的单元格区域
5∶5	行 5 中的全部单元格
5∶10	行 5 到行 10 之间的全部单元格
H∶H	列 H 中的全部单元格
H∶J	列 H 到列 J 之间的全部单元格
A10∶E20	列 A 到列 E 和行 10 到行 20 之间的单元格区域

在 Excel 中引用可以分为相对引用和绝对引用两种方式。默认情况下公式引用数据都是使用相对引用。“相对”是指函数计算的单元格和引用数据的单元格中的相对位置。在形式上，相对引用使用的是单元格的绝对位置，但在函数的运算过程中表示的是相对位置。当用户在 Excel 中复制函数时，复制的结果也会采用相对引用方式。

在使用 Excel 时，有时可能不希望使用相对引用，而需要使用绝对引用，也就是说，公式处理的是单元格的精确地址。使用绝对引用的方法是在行号和列标前面加上“＄”符号，如 B2 是相对引用，＄B＄2 是绝对引用，＄B2 和 B＄2 是混合引用。可以通过“F4”按键在上述的引用方式之间切换。

2.5.1.3　函数

Excel 中所提的函数其实是一些预定义的公式，它们使用一些称为参数的特定数值，按特定的顺序或结构进行计算。函数作为 Excel 处理数据的一个最重要手段，功能十分强大。用户可以直接用它们对某个区域内的数值进行一系列运算。

Excel 函数一共有 11 类，分别是数据库函数、日期与时间函数、工程函数、财务函数、信息函数、逻辑函数、查询和引用函数、数学和三角函数、统计函数、文本函数及用户自定义函数。表 2-5 列出了数据处理中常用到的部分数学函数。

表 2-5 数据处理中常用到的部分数学函数

工作表函数	函数的作用
PI()	返回数学常数 π,精确到小数点后 14 位
EXP(number)	返回 e 的 n 次幂常数,e 是自然对数的底数
LN(number)	返回一个数的自然对数
LOG(number,[base])	按所指定的底数,返回一个数的对数
LOG10(number)	返回以 10 为底的对数
POWER(number,power)	返回给定数字的乘幂
SQRT(number)	返回正平方根
SUM(number1,[number2],…)	返回某一单元格区域中所有数字之和
SUMXMY2(array_x,array_y)	返回两数组中对应数值之差的平方和
ROUND(number,num_digits)	返回某个数字按指定位数舍入后的数字

通过"公式"|"插入函数"命令打开"插入函数"对话框,可以看到所有的 Excel 工作表函数;选中需要的函数后按"确定"按钮,打开"函数参数"对话框进行参数设定,该对话框中有各参数含义的说明。另外,也可以在单元格中输入"="后直接输入公式。

2.5.1.4 图表操作

图表是 Excel 最常用的对象之一,是工作数据表的图形表示方法,可以将抽象的数据形象化。Excel 提供了丰富的图表功能,如柱形图、条形图、折线图、饼图、散点图、面积图、圆环图等。其中每一种图表类型还包括若干种子图表类型。

一般的作图过程如下:

(1)将实验测得的自变量和因变量的数值分别输入到 Excel 工作表中的 A、B 两列。

(2)在工作表中选取数据区域,即 A、B 两列数据。选择"插入"菜单,选择"散点图"下面的"带平滑线和数据标记的散点图",一幅图表就插入 Excel 的工作区了。

(3)图表生成后,字体、图表大小、位置都不一定合适,可选择相应的选项进行修改。所有这些操作可鼠标双击弹出对话框进行设定。

2.5.1.5 线性回归

物理化学实验中经常涉及到实验数据的回归,即确定经验公式中的常数。Excel 中有多种工具可用最小二乘法的计算,其中的"添加趋势线""Excel 函数""数据分析工具"在处理数据时各有特点。

以液体饱和蒸气压的测定实验为例,用 Excel 通过两种不同的方法进行最小二乘法计算,得到线性回归经验公式中的常数。假设实验测得不同压力下水的沸点数据如表 2-2 所示。

(1)添加趋势线。首先把实验数据分别按列输入 Excel 工作表中，选中列$(10^3/T)/K^{-1}$为 x，列 $\ln(p/\text{kPa})$为 y，用“图表向导”绘制“XY 散点图”。散点图绘制完成后，在生成的图中右击数据线或数据点，在出现的下拉快捷菜单中点击“添加趋势线”，弹出“添加趋势线”对话框，回归分析类型选“线性”，勾选“显示公式”和“显示 R 平方值”选项，得到趋势回归图，如图 2-4 所示。其中 R 是相关系数，表示线性程度，R 越接近 1，表示拟合得越好。

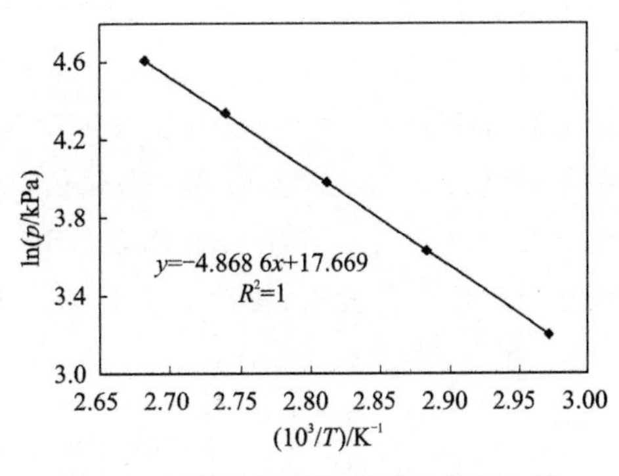

图 2-4 液体饱和蒸气压的趋势回归图

(2)Excel 函数。Excel 提供了 9 个函数用于建立回归模型和回归预测，表 2-6 列出了其中主要的 6 个。

表 2-6 部分用于回归分析的工作表函数

函数	功能
INTERCEPT(known_y's,known_x's)	估计一元线性回归模型截距
SLOPE(known_y's,known_x's)	估计一元线性回归模型斜率
RSQ(known_y's,known_x's)	返回一元线性回归模型的判定系数(R^2)
STEYX(known_y's,known_x's)	返回依照一元线性回归模型的预测值的标准误差
LINEST(known_y's,known_x's,const,stats)	估计多元线性回归模型的未知参数
TREND(known_y's,known_x's,new_x's,const)	返回线性回归拟合线的一组纵坐标值

用 Excel 提供的工作表函数处理“液体饱和蒸气压的测定”的实验数据。在单元格 A8～A11 中分别输入“截距”“斜率”“判定系数”“估计标准误差”，在单元格 B8 中输入公式“＝INTERCEPT(E2：E6,C2：C6)”，在单元格 B9 中输入公式“＝SLOPE(E2：E6,C2：C6)”，在单元格 B10 中输入公式“＝RSQ(E2：E6,C2：C6)”，在单元格 B14 中输入公式“＝STEYX(E2：E10,C2：C10)”。计算结果如图 2-5 所示。

	A	B	C	D	E
1	t/℃	T/K	1000K/T	p/kPa	ln(p/kPa)
2	63.28	336.43	2.972	24.49	3.198 3
3	73.60	346.75	2.884	37.57	3.626 2
4	82.57	355.72	2.811	53.50	3.979 7
5	91.90	365.05	2.739	76.40	4.336 0
6	99.65	372.80	2.682	100.18	4.607 0
7					
8	截距	17.669			
9	斜率	-4.868 6			
10	判定系数	0.999 97			
11	估计标准误差	0.003 36			

图 2-5 液体饱和蒸气压的回归计算结果

函数 LINEST(known_y's,known_x's,const,stats)用于估计多元线性回归模型的未知参数,也可用来进行一元线性回归,返回的数据格式见表 2-7。参数 const 为一逻辑值,指明是否强制截距为 0。如果 const 为 TRUE 或省略,截距将被正常计算;如果 const 为 FALSE,截距将被设为 0。参数 stats 为一逻辑值,如果 stats 为 FALSE 或省略,函数 LINEST 只返回斜率和截距;如果 stats 为 TRUE,函数 LINEST 返回各个回归系数及附加回归统计值。因为此函数返回数值有数组(多个量),所以必须以数组公式的形式输入,即需按下组合键 Ctrl+Shift 键后,再按回车键确定。

表 2-7 LINEST 函数返回的数据格式

计算结果	数据含义
β_m β_{m-1} … β_1 β_0	回归系数
SE_m SE_{m-1} … SE_1 SE_0	回归系数的标准误差
R^2 S	判定系数 R^2、因变量标准误差
F df	F 统计量、自由度 df
$S_{回}$ $S_{残}$	回归平方和 $S_{回}$、残差平方和 $S_{残}$

利用 LINEST 函数的回归计算具体步骤:为输出数据指定足够的存储区域,本例选三行两列(因为是一元线性回归,且对后两行数据不感兴趣),输入"=LINEST(E2:E6,C2:C6,1,1)",并在按下组合键 Ctrl+Shift 键的同时,再按回车键,结果如图 2-6 所示。

	A	B	C	D	E
1	t/℃	T/K	1000K/T	p/kPa	ln(p/kPa)
2	63.28	336.43	2.972	24.49	3.198 3
3	73.60	346.75	2.884	37.57	3.626 2
4	82.57	355.72	2.811	53.50	3.979 7
5	91.90	365.05	2.739	76.40	4.336 0
6	99.65	372.80	2.682	100.18	4.607 0
7					
8	LINEST结果	-4.868 62	17.668 525		
9		0.014 62	0.041 226		
10		0.999 97	0.003 359 3		

图 2-6 液体饱和蒸气压的 LINEST 函数计算结果

用 Excel 函数进行线性回归分析后,最好作图验证回归结果的优劣,判断各个实验数据点偏差的相对大小,并剔除异常值。

2.5.2 应用 Origin 软件处理实验数据

Origin 软件是一个功能强大的数据分析科学绘图软件。该软件不仅包括计算、统计、直线和曲线拟合等各种完善的数据分析功能,而且提供了几十种二维和三维绘图模板,并将高质量科技图形绘制、C 语言编程和 NAG 数学统计功能库集成为一体,是当今世界上最著名的科技绘图和数据处理软件之一,在世界各国科技工作者中使用较为普遍。

在实验数据处理中，经常需要对实验数据进行线性回归和曲线拟合，用以描述不同变量之间的关系，建立经验公式或数学模型。Origin 提供了强大的线性回归和非线性最小平方拟合功能。其中非线性最小平方拟合功能在 Excel 中较难实现，下面主要介绍该功能。

以最大气泡法测定溶液表面张力实验为例。大多数非离子型的有机化合物水溶液，浓度增大时溶液的表面张力下降，当溶液浓度不太大时，此类曲线关系可用希什科夫斯基(Szyszkowski)经验公式来表示：

$$\gamma = \gamma_0 - a\ln(1 + bc) \tag{2-15}$$

式中：γ_0 和 γ 分别为纯溶剂和溶液的表面张力；c 为溶液的浓度；a 和 b 为参数。

在 27℃下测定不同浓度乙醇水溶液的表面张力的实验数据如表 2-8 所示。

表 2-8　在 27℃下不同浓度乙醇水溶液的表面张力

$c/(\mathrm{mol \cdot dm^{-3}})$	0	1.56	2.50	3.40	4.15	6.10	9.45
$\gamma/(\mathrm{N \cdot m^{-1}})$	0.071 81	0.054 16	0.047 47	0.042 90	0.039 94	0.035 07	0.026 70

在 Origin 软件中对实验数据进行非线性拟合操作如下：将浓度数据 c 输入 A 列，设定为 x；表面张力数据 γ 输入 B 列，并设定为 y。然后选中 A、B 两列数据，点击菜单“Analysis”|“Fitting”|“Nonlinear Curve Fit”|“Open Dialog…”，弹出非线性拟合对话框。在对话框中，“Category”设定为“Logarithm”，“Function”设定为“New…”，在弹出对话框中建立两参数函数：$y=0.071\ 81-A*\ln(1+B*x)$。此函数中的 x 即对应溶液浓度，y 对应溶液的表面张力，A 和 B 为待拟合参数。点击“Fit”按钮即进行数据非线性拟合。实验数据点及非线性拟合曲线见图 2-7，得到拟合参数 A=0.018 88，B=1.034 73。

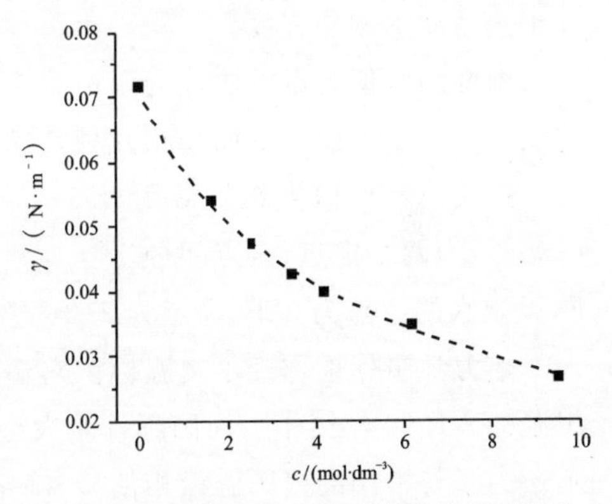

图 2-7　不同浓度的乙醇水溶液的表面张力

根据拟合得到的对数函数 $y=0.071\ 81-A*\ln(1+B*x)$，可求导得 $\mathrm{d}y/\mathrm{d}x=-A*B/(1+B*x)$，将拟合参数 A、B 代入该微分式可计算不同浓度的溶液中表面张力 γ 对浓度 c 的变化率，然后根据 Gibbs 吸附等温式可计算得到不同浓度溶液的表面吸附量。

Excel 和 Origin 软件各有特色。利用 Excel 软件进行基本的数据处理比用 Origin 软件方便，且更容易上手，为此建议在 Excel 里进行数据输入和基本的数据处理。Origin 软件的绘图功能强大且作图漂亮，曲线拟合等高级数据分析功能强大。

3 基础测量技术及实验仪器

3.1 温度测量与控制

3.1.1 温度与温标

温度是表示物体冷热程度的物理量，是确定系统状态的一个基本参量，微观上讲是物体分子热运动的剧烈程度。

温度的数值表示方法称为温标。温标的确定包括测量的特质、固定点的选择以及温度值的划分等几个方面。下面介绍几种常用温标。

摄氏温标的温度符号常用 t 表示，单位符号是℃。摄氏温标是以水的冰点(0℃)和沸点(100℃)为两个定点，定点间分 100 等分，每一等分用 1℃来确定的。华氏温标的单位符号是F，设定水的冰点为 32F、沸点为 212F，在这两个定点间分 180 等分，每等分为 1F。

热力学温标也称开尔文温标。它建立在卡诺循环的基础上，是与测温物质性质无关的理想温标。1960 年第十一届国际计量大会规定热力学温度以开尔文为单位，简称“开”，以 K 表示。为了与常用的摄氏温标相衔接，确定水的三相点为 273.16K，即 1K 等于水的三相点的热力学温度的 1/273.16，从而保证水的沸点和冰点之间的分度值仍为 100。由于水的三相点在摄氏温标上为 0.01℃，所以水的冰点为 273.15K。热力学温标的零点，即绝对零度，以这一点作为零度的温标叫热力学温标。摄氏温标和热力学温标之间的换算关系为：

$$t = T - 273.15 \tag{3-1}$$

式中：t 为摄氏温标，单位℃；T 为热力学温标，单位 K。

3.1.2 温度计

用于测量温度的物质，都具有某些与温度密切相关而又能严格复现的物理性质，诸如体积、压力、电阻、热电势及辐射波等，利用这些特性就可以制成各种类型的温度计。

3.1.2.1 水银温度计

水银温度计是实验室常用的测温仪器。它以液态水银作为测温物质，使用简便，准确度也较高，测温范围可以从－35℃到 360℃。如果用石英玻璃作为管壁，充入氮气或氩气，最高使用温度可达到 800℃。

水银温度计的种类和使用范围如下。

(1)常用温度计有－5～105℃、150℃、250℃、360℃等，每格1℃或0.5℃。

(2)供量热学用温度计有9～15℃、12～18℃、15～21℃、18～24℃、20～30℃等，每格0.01℃。目前广泛应用间隔为1℃的量热温度计，每格0.002℃。

(3)分段温度计。从－10～200℃，分为24支，每支温度范围为10℃，分格0.1℃；另外一种由－40℃到400℃，每隔50℃为一支，分格0.1℃。

(4)电接点温度计。与电子继电器等装置配套，可在某一温度点上接通或断开，常用来控制温度。

水银温度计的缺点是其读数易受许多因素的影响而容易引起误差，为此在精确测量中必须加以校正。主要校正项目有以下几项。

(1)示值校正。温度计的刻度常是按定点(水的冰点及正常沸点)将毛细管等分刻度，但由于毛细管直径的不均匀性及水银和玻璃的膨胀系数的非严格线性关系，因而读数不完全与国际温标一致。把实验室中待校正的温度计与同量程的标准温度计同置于恒温槽中，在露出度数相同时进行比较，得出相应的校正值。其余没有检定到的温度示值可由相邻两个检定点的校正值线性内插而得。

(2)露茎校正。水银温度计分为“全浸式”和“非全浸式”两类。非全浸式温度计常刻有校正时浸入量的刻度，在使用时若室温与浸入量均与校正时一致，则所示温度是正确的。

对全浸式温度计，使用时要求将水银柱浸入被测介质中，达到热平衡后才能读数。若水银柱不能全部浸没在被测体系中，则因水银柱露出部分的温度不同于浸入部分，必然存在误差，因此必须进行露茎校正(图3-1)。露茎校正公式如下：

$$\Delta t = kh(t - t_s) \tag{3-2}$$

式中：k为水银的视膨胀系数(水银对玻璃的视膨胀系数为0.000 16)；h为水银柱露出待测系统外部分的温度度数；t为被测介质温度读数；t_s为露出待测系统的水银柱的平均温度，由放置在露出一半位置处的辅助温度计测定。

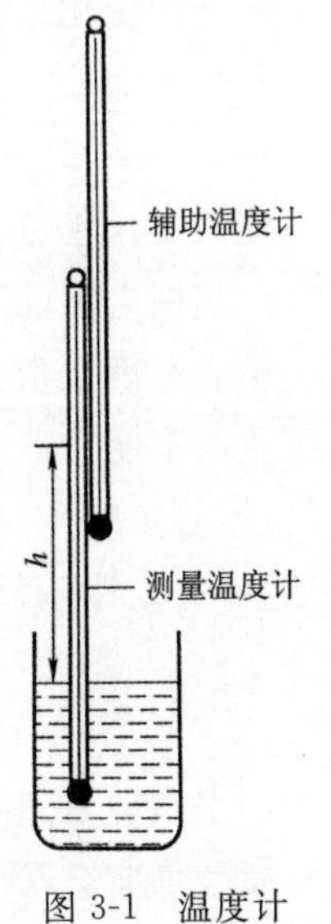

图3-1　温度计露茎校正

3.1.2.2　温差温度计

(1)贝克曼温度计。贝克曼温度计是一种移液式的内标温度计。这种温度计与普通水银温度计的区别在于测温端水银球内的水银储量可以借助顶端的水银储槽来调节。由于水银球中的水银量是可变的，水银柱的刻度值不是温度的绝对值，贝克曼温度计不能测量系统的温度，专用于量热、测定溶液的凝固点下降和沸点上升以及其他需要测量微小温差的场合。它用于精密测量介质温度－20～150℃范围内不超过5℃或6℃的温差，最小刻度是0.01℃，借助于放大镜可以估读到0.002℃。由于贝克曼温度计调节使用比较麻烦，目前它在实验中已逐渐被数字式温差测量仪代替。

(2)精密温差测量仪。精密温差测量仪测量微小温差，使用方便，其精确度高，测温范围宽,在实验教学和科研中正逐步替代贝克曼温度计。常用精密温差测量仪型号的技术指标是:准确度±0.02～±0.001℃,测量温差的范围－20～80℃。它的测量原理为:温度传感器将温度信号转换成电压信号,经过多级放大器组成测量放大电路后变成对应的模拟电压量,单片机将采样数字值滤波和线性校正,将结果实时显示和输出,依据不同型号的仪器设置,显示面板直接读取温度值或温差值(温差测量仪的电路比温度测量仪多一个"内部可调温度基准"模块,可在更大范围内改变温度基准值)。

3.1.2.3 电阻温度计

电阻温度计是基于材料的电阻对于温度的变化敏感且重现性好而制成的。

(1)铂电阻温度计。铂电阻是用直径0.03～0.07mm的铂丝绕在云母、石英或陶瓷支架上做成的,铂丝的熔点很高,热容非常小,电阻随温度变化再现性高,与精密电桥或电位差计组成铂电阻温度计可使测温精度达到0.001℃。因此,国际温标规定铂电阻温度计作为13.803 3～1 234.93K之间的基准器。

(2)热敏电阻温度计。热敏电阻是一种对温度变化极其敏感的元件,其电阻值随温度发生显著的变化远高于铂电阻和热电偶,目前常以Fe、Ni、Mn、Mo、Ti、Mg、Cu等金属氧化物为原料熔结而成,可以做成各种形状(如珠状、筒状、片状等),且体积可以做到很小,特别适宜在－100～300℃之间测温,可直接将温度变化转换成电学参数变化(电阻、电压或电流),测量电性能的变化就可测出温度的变化。

热敏电阻的阻值与温度之间并非呈严格的线性关系,当测温范围较小时,可近似为线性关系。热敏电阻温度计的优点是电阻系数大(－6%～－3%)。热敏电阻温度计用一般电桥测量电阻变化即可达0.001℃的灵敏度。热敏电阻温度计测量温差的精度可以代替贝克曼温度计,且热容小、反应快,在自动控制与电子线路的补偿电路中得到广泛应用。缺点是测温范围窄,稳定性差,每个电阻的阻值需要经常标定。

3.1.2.4 热电偶温度计

当两种不同的金属相接触时,由于金属的电子逸出电势和自由电子密度的差异,在两种金属的界面会产生电势差,即接触电势。接触电势的大小与两种金属的种类和接触点的温度有关。

如果将两种不同的金属导线连接起来,组成一个闭合回路,则此时有两个联结点。当这两个联结点温度相同时,由于两个界面上产生的接触电势大小相等、符号相反,回路中无电流通过。而当两处联结点温度不同时,产生的接触电势不同,其电势差称为温差电势,这样的一对导体称为热电偶。可依据电位差计测定热电偶的温差电势从而测定温度。

热电偶测量温度的适用范围很广,在－270～2800℃范围内有相应的产品选择,而且容易实现远距离测量、自动记录和自动控制,准确度高,反应速度快,因而在科学实验和工业生产中获得了广泛应用。热电偶的种类比较多,表3-1介绍了几种常用热电偶温度计的基本参数。

表 3-1 几种常用的热电偶温度计基本参数

类型	分度号	适用温度范围/℃	热电势系数/(mV·K^{-1})
铜-康铜	CK	−200～300	0.042 8
铁-康铜	FK	0～800	0.054 0
镍铬-镍硅	EU-2	0～1300	0.041 0
铂铑 10 -铂合金	LB-3	0～1600	0.006 4

3.1.3 温度控制

物质的物理性质和化学性质，如密度、黏度、蒸气压、折射率、化学反应平衡常数、化学反应速率常数等都与温度密切相关。许多物理化学实验都必须在恒温下进行。

恒温槽法是实验室常用的利用不同的液体介质实现控温的装置，根据恒温的程度选用不同的液体介质，−60～30℃采用乙醇或乙醇水溶液，0～100℃采用水浴，80～160℃采用甘油或甘油水溶液，70～300℃采用液体石蜡、气缸润滑油、硅油。

恒温槽通常由槽体、加热器、搅拌器、精密温度计、温度传感器和控温仪组成，如图 3-2 所示。

温度传感器是恒温槽的感觉中枢，常用水银电接点温度计，图 3-3 是其结构示意图。在实验中进行调节温度时，先转动磁性螺旋调节帽，当加热至水银柱与钨丝接触时，温度计导线形成通路，给出停止加热的信号(指示灯分辨)。这时观察槽中的精密温度计，根据其与控制温度差值的大小，进一步调节钨丝尖端的位置。反复进行，控制体系温度在一个微小区间内波动，可达到恒温的目的。

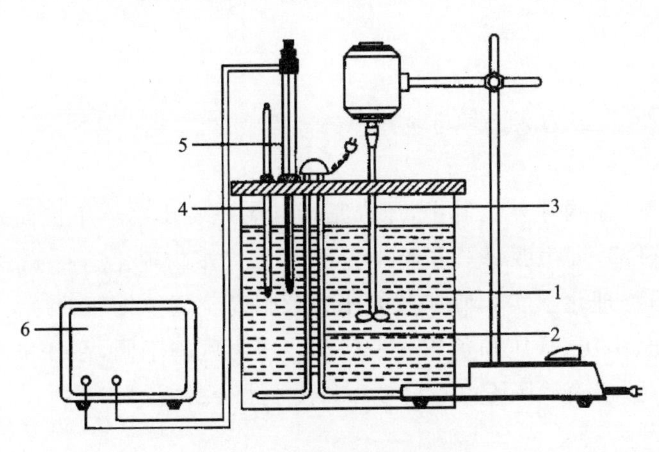

图 3-2 恒温槽装置示意图

1. 槽体；2. 加热器；3. 搅拌器；4. 精密温度计；5. 温度传感器；6. 控温仪

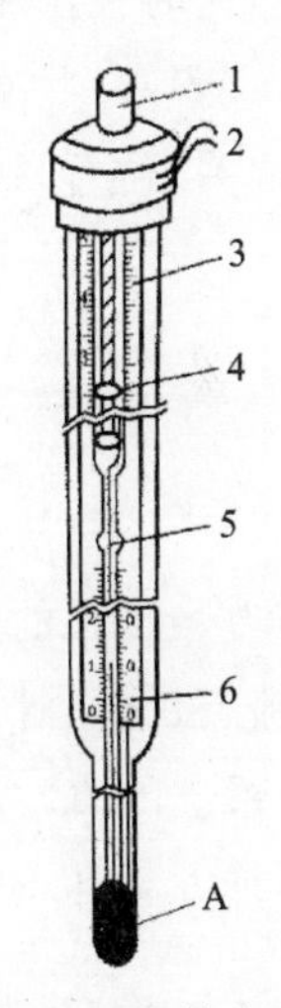

图 3-3 水银电接点温度计

1. 磁性螺旋调节帽；2. 电极引出线；3. 上标尺；4. 指示螺母；5. 钨丝；6. 下标尺；A. 水银球

电接点温度计的控温灵敏度通常是±0.1℃，最高可达±0.05℃，由于电接点温度计的分度较粗，故只能作为温度传感器，而不能作为温度的指示器。恒温槽的温度另由精密温度计指示。

随着电子技术的发展，目前恒温器发展的方向是采用铂电阻测温、集成电路放大和处理以及数字显示，其加热控制装置已从单纯的“通”“断”类型，升级为PID控制型，其操控性和精度大为提高。

3.1.4 SYC-15C超级恒温槽的使用

SYC-15C超级恒温槽采用稳定性能较好的热敏电阻作为感温元件，感温时间较短、使用方便、调速快、精度高，使用时只需要将此感温元件（探头）放在所需的控温部位，就能在控温的同时从测温仪表上精确地反映出被控温部位的温度值。控温仪由感温电桥、交流放大器、相敏放大器、控温执行继电器4部分组成，使用方法如下。

(1)加热器、搅拌器开关置于“关”位置后，接通电源，按下电源开关，此时指示灯和显示器应均有显示。

(2)按“工作/置数”钮至“置数”灯亮，依次调“×10、×1、×0.1、×0.01”键，设置需要恒定温度的精确数值。

(3)在“置数”灯亮时，还可设置定时报警(用定时增、减键设置所需定时的时间，范围：10～99s)，方便定时记录；该功能不需要时可不设置。

(4)将加热器、搅拌器开关置于“开”位置，按“工作/置数”钮至“工作”灯亮，此时加热器、搅拌器处于工作状态，实时温度显示水温的变化。

(5)开始加热时加热开关一般先置于“强”档位置，当接近设置温度时，置于“弱”档，以免温度过冲，这时控温精度可达±0.02℃；搅拌速度根据需要设定。

注意：“置数”状态时，加热器不工作；搅拌器不受电源开关控制；仪器使用完毕后，将所有开关置于“关”位置，拔去电源插头。

3.2 压力测量与控制

压力是描述系统状态的重要参数，在国际单位制中，压强是指均匀垂直于物体单位面积上的作用力。压强的单位是帕斯卡(Pa)，即牛顿每平方米($N\cdot m^{-2}$)。许多物理化学性质，如蒸气压、沸点、熔点等都与压力有关，物理化学实验所涉及的压力范围高至气体钢瓶的压力，低至真空系统的真空度，可分为高压、中压、常压和负压4个区间。压力区间不同，往往也有不同的测量方法和单位表示法。因此，正确掌握压力测量方法和技术十分必要。

3.2.1 常压测量仪器

3.2.1.1 液柱式“U”形压力计

液柱式“U”形压力计利用指示液柱所产生的压力来平衡被测介质的压力。它由于价格低廉,使用方便,能测量微小的压差,被广泛应用在实验室中。缺点是测量范围窄,示值不固定(与指示液密度有关),耐压程度较差。

图 3-4(a)为两端开口的"U"形压力计。液面高度差 h 与压差(p_1-p_2)有如下关系:

$$h=\frac{1}{\rho g}(p_1-p_2)=\frac{1}{\rho g}\Delta p_t \quad (3\text{-}3)$$

式中:ρ 为"U"形管内指示液密度;g 为重力加速度。选用液体的密度愈小,测量的灵敏度愈高。常用的液体是油、水或水银。

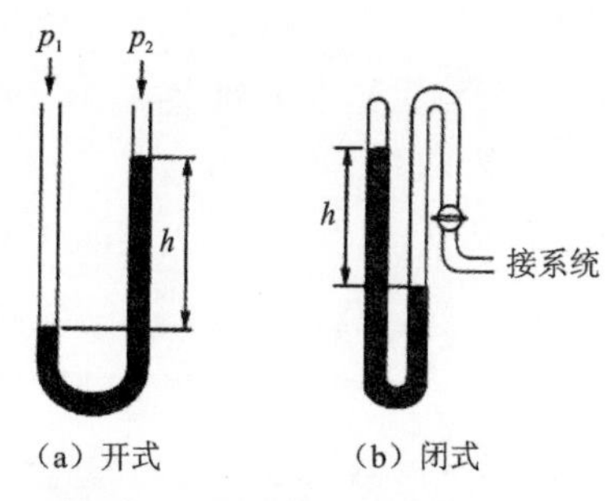

图 3-4 "U"形压力计示意图

测量低于 20kPa 的压力,常用闭式"U"形水银压力计,如图 3-4(b)所示。它的封闭端上部为真空,图中水银柱高 h 即代表系统压力。

3.2.1.2 电测压力计

电测压力计由压力传感器、测量电路和电性指标器 3 部分组成。压力传感器感受压力并把压力参数变换为电阻(或电容)信号输到测量电路,测量值由指示仪表显示或记录。电测压力计有便于自动记录、远距离测量等优点,应用日益广泛。

用于测量负压的电阻式负压传感器内部结构如图 3-5 所示。弹性应变梁的一端固定,另一端和连接系统的波纹管相连,称为自由端。当系统压力通过波纹管底部作用在应变梁的自由端时,应变梁便发生挠曲,使其两侧的上、下共 4 块半导体应变片因机械变形而引起电阻值变化,从而电路输出一个与压力差相关的电位差信号,通过电位差计(或数字电压表)测出该电位差值。利用在同样条件下得到的压力差-电位差工作曲线,即可得到相应的压力差值。

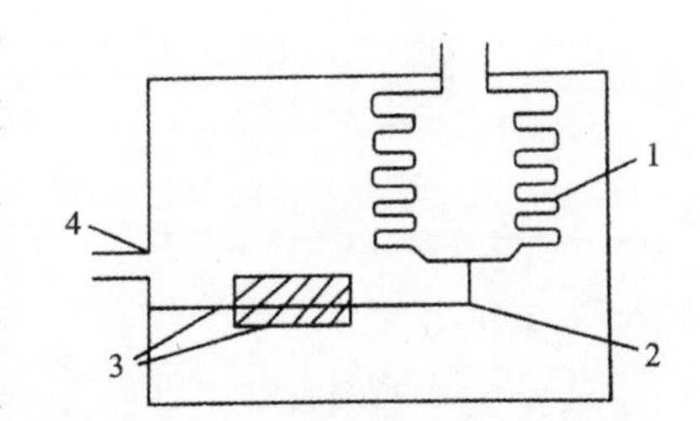

图 3-5 负压传感器内部结构示意图

1. 波纹管;2. 应变梁;3. 应变片;4. 导线引出

3.2.2 真空技术

系统的压力低于大气压力时都称为真空。根据真空的应用、真空的物理特点、常用的真空泵以及真空规的使用范围等,将真空划分为 5 个区域:100~1kPa 称为粗真空,1000~0.1Pa 称为低真空,0.1~10^{-6}Pa 称为高真空,10^{-6}~10^{-10}Pa 称为超高真空,10^{-10}Pa 以下称为极高真空。

3.2.2.1 真空的获得

为了获得真空,就必须设法将气体分子从容器中抽出。凡是能从容器中抽出气体、使气体压力降低的装置,均可称为真空泵,如水流泵、机械泵、扩散泵、吸附泵、钛泵、冷凝泵等。如果想获得粗真空一般用水流泵,想获得低真空可用机械泵,想获得高真空则采用机械泵与扩散泵联合使用。

(1)水流泵。水流泵应用的是伯努利原理,其构造见图 3-6。水经过收缩的喷口以高速喷出,其周围区域的压力较低,由系统中进入的气体分子便被高速喷出的水流带走。水流泵所能达到的极限真空度受水本身的蒸气压限制,尽管其效率较低,但由于简便,实验室中在抽滤或有其他粗真空度要求时,它经常被使用。

(2)机械泵。实验室常用的机械泵为旋片式真空泵,其结构如图 3-7 所示。泵由电动机带动,气体从真空体系吸入泵的入口,偏心轮旋转的旋片使气体压缩,经过排气阀排出泵体外。如此循环往复,将系统内的压力减小,从而达到抽气的目的。旋片式机械泵的整个机件浸在真空油中,这种油的蒸气压很低,既可起润滑作用,又可起封闭微小的漏气和冷却机件的作用。旋片式真空泵一般只能产生 1.333～0.133 3Pa 的真空,其极限真空为 0.133 3～0.013 33Pa。

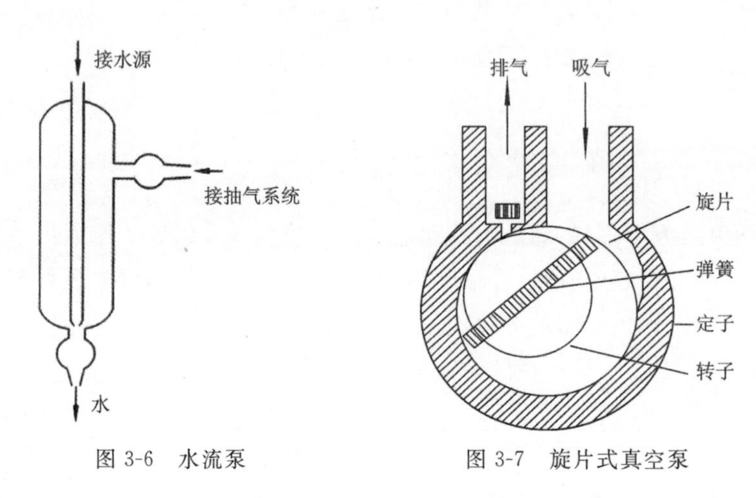

图 3-6　水流泵　　　　图 3-7　旋片式真空泵

使用机械泵时必须注意:

a. 机械泵不能直接用来抽含可凝性的蒸气,如水蒸气、挥发性液体等,因为这些气体进入泵后会破坏泵油的品质,降低油品密封和润滑作用。如果在应用到这些场合时,必须在可凝性的蒸气进入油泵前,先通过吸收塔或冷阱纯化装置。例如用无水氯化钙、五氧化二磷、分子筛等吸收水分,用石蜡油或吸收油吸收有机蒸气,用活性炭或硅胶吸收其他蒸气等。

b. 油泵不能用来抽含有腐蚀性物质的气体,例如氯化氢、氯气或二氧化氮等气体,因为这些气体将迅速侵蚀泵中紧密机件的表面,使真空泵漏气。若遇到这种情况时,应当使气体进泵前首先通过装有固体氢氧化钠的吸收塔,除去有害气体。

c. 油泵由电动机带动,使用时应先注意电动机的电压。对三相电机还要注意启动时的旋转方向是否正确。运转时电动机的温度不能超过规定温度(一般为 65℃)。正常运转时不应当有摩擦、金属撞击等异声。

d. 在连接系统装置时,应当在油泵的进口前连接一个三通活塞。停止抽气时,应使泵与大气相通,然后再关闭电源。这样既可保持系统的真空度,又避免泵油倒吸冲入系统。

3.2.2.2　真空的测量

真空的测量实际上就是测量低压下气体的压力。粗真空的测量一般用"U"形水银压力计，对于较高真空度的系统使用真空规。真空规有绝对真空规和相对真空规两种。麦氏真空规称为绝对真空规，即真空度可以用测量到的物理量直接计算而得。而热偶真空规、电离真空规等称为相对真空规，测得的物理量只能经绝对真空规校正后才能指示相应的真空度。

目前实验室中测量粗真空的水银压力计已被数字式低真空测压仪取代，该仪器是运用压阻式压力传感器原理测定实验系统与大气压之间的压差，消除了汞的污染，有利于环境保护。该仪器的测压接口在仪器后面板上，使用时，先将仪器按要求连接在实验系统上(注意实验系统不能漏气)，再打开电源预热 10min；然后选择测量单位，调节旋钮，使数字显示为零；最后开动真空泵，仪器上显示的数字即为实验系统与大气压之间的压差值。

3.2.2.3 安全操作

(1)在开启或关闭高真空玻璃系统活塞时，应当两手操作，一只手握活塞套，另一只手缓慢地旋转内塞，防止玻璃系统各部分产生力矩(甚至折裂)。

(2)不要使大气猛烈冲入系统，也不要使系统中压力不平衡的部分突然接通。否则有可能造成局部压力突变，导致系统破裂或汞压力计冲汞。在真空操作不熟练的情况下，往往会出现这种事故。因此，操作要细致、耐心，避免事故的发生。

3.2.3 气体钢瓶

气体钢瓶属于压力容器，是实验室中的主要特种设备，主要是指各种压缩气体钢瓶，如氧气瓶、氢气瓶、氮气瓶、液化气瓶等。由于瓶内压力很高，使用时需要通过减压阀降低压力至实验所需范围，再通过控制阀将气体通入使用系统。

气体钢瓶的危险主要是：储存在气瓶内气体的压力较高，氧气的压力为 15MPa，氢气的压力为 14MPa。当高压气瓶遇到高温、强烈碰撞或泄露达到一定浓度时，易造成人员中毒或爆炸、火灾等事故。为了避免各种钢瓶在使用时混淆，常用气体钢瓶的辨认特征见表 3-2。

表 3-2 常用气体钢瓶的辨认特征

气体类型	瓶身颜色	标字颜色	字样
氮气	黑	黄	氮
氧气	天蓝	黑	氧
氢气	淡绿	红	氢
压缩空气	黑	白	空气
二氧化碳	铝白	黑	液化二氧化碳
液氨	黄	黑	氨
氯	深绿	白	液氯
乙炔	白	红	乙炔不可近火
石油气体	灰	红	石油气
纯氩气体	灰	绿	纯氩

3.2.3.1 气体钢瓶的使用

(1)使用气体钢瓶要分类选用减压阀,安装时螺扣及各组件要旋紧,确保良好的气密效果,防止泄露。

(2)打开钢瓶总阀门时,高压表显示出瓶内储气总压力;慢慢地顺时针转动调压手柄,至低压表显示出实验所需压力。

(3)停止使用时,先关闭总阀门,待减压阀中余气逸净后,再关闭减压阀,即逆时针旋转调压手柄至螺杆松动为止(图 3-8)。

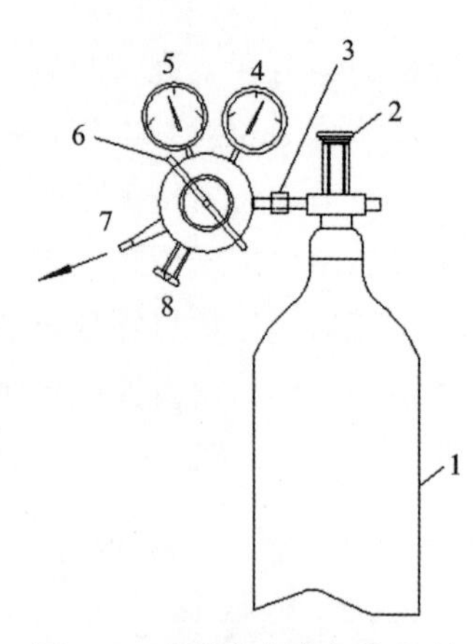

图 3-8 安装在气体钢瓶上的氧气减压阀示意图

1.钢瓶;2.钢瓶总阀门;3.钢瓶与减压阀连接螺母;4.高压表;5.低压表;6.低压表压力调节螺杆;7.出气口;8.安全阀

3.2.3.2 注意事项

(1)在搬动气瓶时,应装上防震垫圈,旋紧安全帽,防止开关阀意外转动和减少碰撞;气体钢瓶要直立放置,远离热源,避免曝晒和强烈振动。

(2)实验室必须用专用储存柜储存气瓶,并要有良好的通风、散热、防潮条件,且不能混合储存不同种类的气瓶,尤其是会产生爆炸的气瓶(如氢气、乙炔气等)。

(3)开关减压阀和开关阀时,应站在气压表的一侧,不准将头或身体对准气瓶总阀,以防阀门或气压表冲出伤人。

(4)氧气瓶或氢气瓶等应配备专用工具,并严禁与油类接触。操作人员不能穿戴沾有各种油脂或易感应产生静电的服装、手套进行操作,以免引起燃烧或爆炸。

(5)不可把气瓶内的气体用尽,应按规定留 0.05MPa 以上的残留压力。可燃性气体应剩余 0.2～0.3MPa。其中,氢气应保留 2MPa,以防止重新充气时发生危险。

(6)各种气瓶必须由质量检验单位定期进行技术检查,严禁使用安全阀超期的气瓶。充装一般气体的气瓶应 3 年检验一次,腐蚀性气体气瓶应两年检验一次。如在使用中发现气瓶有严重损伤的,应提前进行检验。

(7)学生要使用气体钢瓶则必须经过严格的上岗培训,且必须有指导教师在场指导,操作时必须严格按照操作规程进行,指导教师有责任把可能发生的危险和应急措施清楚地告诉学生。

3.3 电化学测量仪器

3.3.1 DDSJ-308A 型电导率仪

DDSJ-308A 型电导率仪是直接测量电解质溶液电导率的仪器,其使用方法如下。

(1)打开电源开关预热 30min 后,进行校准。

(2)按下“模式”键可以在电导率、TDS、盐度 3 种模式间进行转换,选择“电导率”测量状态。

(3)电极常数的设置。

a. 在电导率测量状态下，按“电极常数”键，仪器显示。

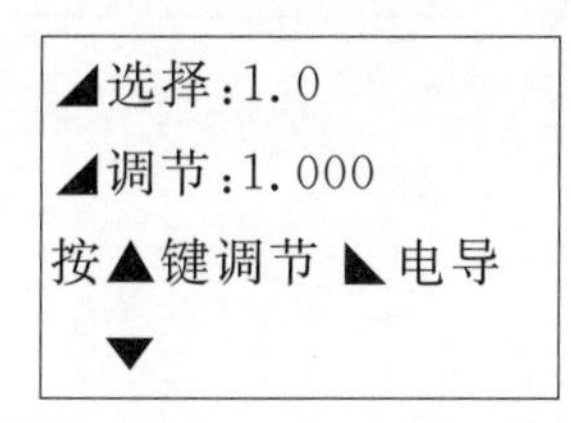

b. 按“▲”或者“▼”键修改到电导电极标出的电极常数值，例如 1.01。

c. 按“确认”键，仪器自动将电极常数值 1.01 存入并返回测量状态，在测量状态中即显示此电极常数值。

(4)电导率的测量：用蒸馏水清洗电导电极，用滤纸小心吸干外表面的水，注意不要擦拭电极上的铂黑；将电导电极浸入到待测溶液中，待仪器示值稳定后读数。

(5)测量结束后，按“ON/OFF”键，仪器关机。再次开机仪器自动进入上次关机时的测量工作状态，此时仪器采用的参数为用户最新设置的参数。如果用户不需要改变参数，则无需进行任何操作，即可直接进行测量。

(6)电导电极的选择：电导率测量过程中，正确选择适当常数的电导电极，对获得较高的测量精度非常重要。一般情况下只有名义常数为 0.01、0.1、1.0、10 四种类型的电导电极可供选择，可以依据测量范围参照表 3-3 选择使用。

表 3-3　电导电极的常数选择

测量范围/($\mu S \cdot cm^{-1}$)	推荐使用电极常数/cm^{-1}
0～2	0.01、0.1
2～200	0.1、1.0
200～2000	1.0
2000～20 000	1.0、10
20 000～200 000	10

注：对常数为 0.1、1.0 的电导电极有光亮和铂黑电极两种形式，光亮电极测量范围以 0～300$\mu S \cdot cm^{-1}$ 为宜。铂黑电极用于容易极化或浓度较高的电解质溶液的电导率测量。

3.3.2　UJ-25 型直流电位差计

UJ-25 型直流电位差计面板如图 3-9 所示。电位差计使用时都配用灵敏检流计和标准电池以及工作电池(低压稳压直流电源)。UJ-25 型电位差计测量电动势范围上限为 600V，下限为 0.000 001V，但当测量高于 1.911 110V 以上电压时，须配用分压箱来提高测量上限。

UJ-25 型直流电位差计补偿法测量电动势的方法如下。

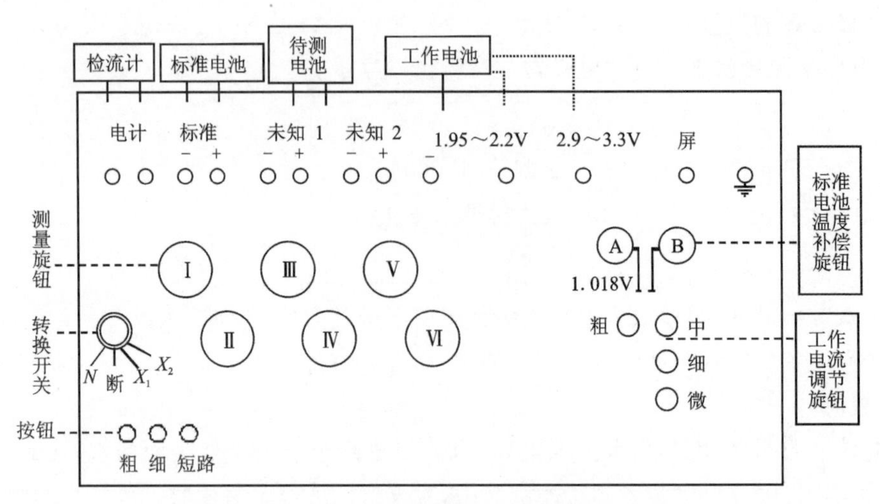

图 3-9　UJ-25 型直流电位差计面板示意图

(1)连接线路。先将转换开关置于中间“断”的位置(不与 N、X 接通),并将左下方 3 个电计按钮全部松开,然后将工作电池、待测电池和标准电池按正、负极接在相应的端钮上,并接上检流计。注意接线时正、负极不要接错,检流计无极性要求。

(2)标准化。调节标准电池电动势温度补偿旋钮,使其读数值与标准电池的电动势值一致。注意标准电池的电动势值会受温度的影响而发生变动。

(3)工作电流校正。将转换开关(N、断、X_1、X_2)置于“N”位置,按下“粗”按钮,并旋转 4 个工作电流调节钮(粗、中、细、微)的粗钮,调节工作电流,观察检流计光点偏移方向和偏移速率后放开,直至检流计示零。然后按下“细”按钮,再在粗调为零的基础上继续调节工作电流调节钮(粗、中、细、微),直至检流计光点示零不动,此时即调节好了工作电流。

注意:按电计按钮的时间不可太长,以免电池电量过大影响测量,同时注意检流计光点偏移方向与速率和按钮调整的方向的关系。由于工作电池的电动势会发生变化,因此在测量每一组电池后,需要进行工作电流校正。

(4)测量未知电动势。根据待测电池连接的位置,将转换开关(N、断、X_1、X_2)拨向“未知”位置(即 X_1或 X_2),按下“粗”按钮,并按由左到右的顺序调节 6 个电动势测量旋钮,观察并通过调整测量旋钮至检流计光点为零,再按下“细”按钮,调节第五个($\times 10^{-5}$ V)及第六个($\times 10^{-6}$ V)旋钮至光点不动为止。读出 6 个旋钮对应的电动势数值之和即为待测电池的电动势值。

3.3.3　SDC-Ⅲ数字电位差综合测试仪

SDC-Ⅲ数字电位差综合测试仪将 UJ 系列电位差计、标准电池、光电检流计等集成一体,既可使用内部基准进行校准,又可外接标准电池作基准进行校准,使用更方便灵活。其面板如图 3-10 所示,使用方法如下。

(1)用电源线将仪表后面板的电源插座与交流 220V 电源连接,打开电源开关(ON),预热 15min。

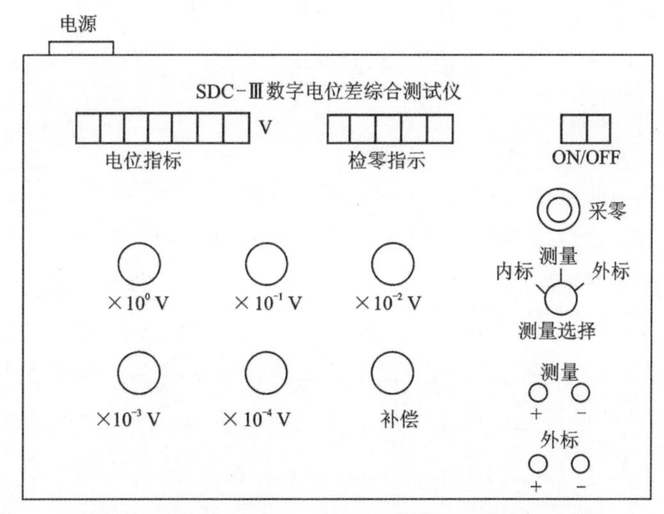

图 3-10 SDC-Ⅲ数字电位差综合测试仪面板示意图

(2)用测试线将被测电池的"+""-"极接入电位差计的"测量插孔"。

(3)将"测量选择"旋钮置于"内标"。

(4)将"$\times10^0$ V"位旋钮置于"1","补偿"旋钮逆时针旋到底,其他旋钮均置于"0",此时"电位指示"为"1.000 000V",若显示小于"1.000 000V"可调节补偿电位器以达到显示"1.000 000V",显示大于"1.000 000V"应适当减小"$\times10^0\sim\times10^{-4}$ V"旋钮,使显示小于"1.000 000V"再调节补偿电位器以达到显示"1.000 000V"。

(5)待"检零指示"显示数值稳定后,按一下"采零"键,"检零指示"应显示"0000"。

(6)将"测量选择"旋钮置于"测量"。

(7)调节"$\times10^0\sim\times10^{-4}$ V" 5 个旋钮,使"检零指示"显示数值为负且绝对值最小。

(8)调节"补偿"旋钮,使"检零指示"显示为"0000",此时,"电位指标"数值即为被测电池的电动势的值。

3.3.4 配套仪器

3.3.4.1 铂黑电极

铂黑电极是由铂片表面镀上一层黑色蓬松的金属铂所组成的电极,由接在铂片上的一根铂丝作为导线与外电路相连。多孔的铂黑增加了电极的活性和表面积,使电流密度减小,降低了电容干扰,使平衡加速达到,目的是当有电流通过时减少极化效应。

铂黑电极不宜干放,在使用前后应浸在蒸馏水中,以防铂黑惰化。如果发现铂黑电极污染或失效,可浸入10%硝酸或盐酸溶液中2min,然后用蒸馏水冲洗干净再进行测量。电极插入溶液前,需用蒸馏水淌洗铂黑电导电极,并用滤纸擦干铂黑电导电极外表面的水,但切勿碰触铂黑以免铂黑脱落。实验完毕,必须将电极插入装有蒸馏水的试剂瓶中。

铂黑电极测试溶液电导率范围很宽,而在高电导率的溶液中的测试,铂黑电极就更稳定和准确。因此,常数大于1的电导电极,都应使用铂黑电极。而不镀铂黑的光亮电导电极,只能在电导率较小的溶液中使用，所以常数小于1的电导电极可以使用光亮电极。光亮电极的另一个优点是铂片表面可以擦拭，而铂黑电极表面则绝对不能擦拭，它只能在水中晃动清洗。

3.3.4.2 甘汞电极

甘汞电极是最常用的参比电极之一，其结构如下：

$$Hg(l) \mid Hg_2Cl_2(s) \mid \text{KCl 溶液}$$

KCl溶液的浓度通常为0.1mol·dm^{-3}、1.0mol·dm^{-3}和饱和溶液(4.2mol·dm^{-3})3种，分别称为0.1mol·dm^{-3}、摩尔甘汞电极及饱和甘汞电极。这种电极具有稳定的电势，随温度的变化率小。甘汞是难溶的化合物，在溶液内亚汞离子活度的变化与氯离子活度的变化有关，所以甘汞电极的电势随氯离子活度的不同而改变。3种浓度甘汞电极的电极电势与温度的关系列于表3-4中。

表 3-4 不同甘汞电极的温度系数(t 单位为℃)

甘汞电极种类	E_t/V
0.1mol·dm^{-3}	$0.3337-7.0\times10^{-5}(t-25)$
摩尔甘汞电极	$0.2801-2.4\times10^{-4}(t-25)$
饱和甘汞电极	$0.2412-7.6\times10^{-4}(t-25)$

虽然饱和甘汞电极有着较大的温度系数，但KCl的浓度在温度固定时是一常数，而且浓KCl溶液能较好地减小液接电势，故常用饱和甘汞电极。

各文献上列出的甘汞电极的电极电势数据常不相符，这是因为液接电势的变化对甘汞电极电势有影响，由于所用盐桥的介质不同，而影响甘汞电极电势的数据。

3.3.4.3 标准电池

标准电池是一种受温度影响很小的可逆电池，通常在直流电位差计中用作计量标准。实验室常用的韦斯顿饱和式标准电池如图3-11所示。

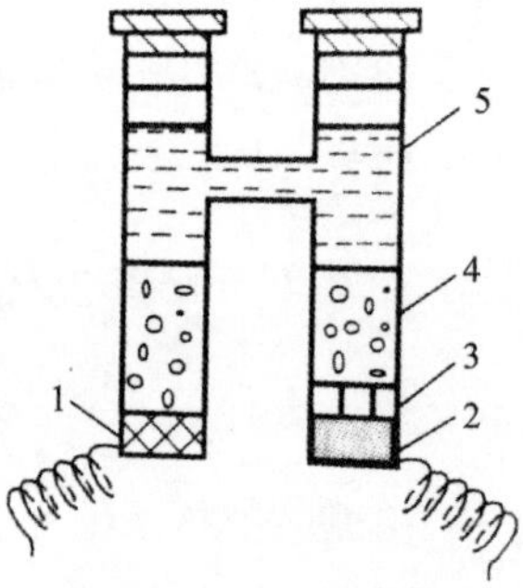

图 3-11 韦斯顿饱和式标准电池示意图

1.镉汞齐；2.汞；3.汞、硫酸亚汞糊状物；4.硫酸镉晶体；5.硫酸镉饱和溶液

标准电池的电动势很稳定，重现性好，其电动势能够在多年内维持稳定不变。出厂时给出了20℃时的电动势值，在其他温度下使用时，需用有关公式进行换算，0～40℃区间内标准电池适用的换算公式为：

$$E=E_{20℃}-4.06\times10^{-5}(t-20)-9.5\times10^{-7}(t-20)^2 \quad (3\text{-}4)$$

电池反应式：$Cd(\text{镉汞齐})+Hg_2SO_4(S)+8/3H_2O(l)\longrightarrow 2Hg(l)+CdSO_4\cdot 8/3H_2O(s)$

负极反应式：$Cd(\text{镉汞齐})+SO_4^{2-}+8/3H_2O(l)\longrightarrow CdSO_4\cdot 8/3H_2O(s)+2e^-$

正极反应式：$Hg_2SO_4+2e^-\longrightarrow 2Hg(l)+SO_4^{2-}$

使用标准电池时应注意：

(1)机械振动会破坏电池平衡，故使用时应避免振动，不允许倾斜倒置。

(2)因 $CdSO_4 \cdot 8/3H_2O$ 晶体在温度波动的环境中会反复溶解、结晶，增加电池内阻及降低电位差计中检流计回路的灵敏度，因此应将标准电池放置于温度波动不大的环境中。

(3)$CdSO_4$ 是一感光性物质，光的照射会使 $CdSO_4$ 变质，电池电动势也会下降，故标准电池放置时应避免阳光照射。

(4)标准电池仅是作为电动势的校验标准，不能用作电源使用，所以测量时间要极短暂，间歇按键，以免电流过大，损坏电池。

(5)正负极不能接错，绝对避免标准电池两极间短路，不得用万用表等仪器直接测量标准电池的电动势。

3.3.4.4 检流计

检流计常用来检查电路中有无电流通过，主要用在平衡式直流电测仪器如电位差计、电桥中作为示零仪器，此外在光电测量、差热分析等实验中测量微弱的直流电流。目前实验室使用最多的是磁电式多次反射光点检流计。

当检流计接通电源，由灯泡、透镜和光栏构成的光源发射出一束光，投射到平面镜上，又反射到反射镜上，最后在标尺上成像。被测电流经悬丝通过动圈，使动圈发生偏转，其偏转的角度与电流的强弱有关。因平面镜随动圈而动，所以在标尺上光点移动距离的大小与电流的大小成正比。电流通过动圈时，产生的磁场与永久磁铁的磁场相互作用，产生转动力矩，使动圈偏转。但动圈的偏转又使悬丝的扭力产生反作用力矩，当二力矩相等时，动圈就停在某一偏转角度上。

AC15 型检流计(图 3-12)使用方法如下。

(1)按照电源要求接通电源。

(2)旋转零点调节器，将光点准线调至零点。

(3)用导线将接线柱与电位差计“电计”旋钮接通，不分极性。

(4)测量时先将分流器开关旋至最低灵敏档(0.01档)，然后逐渐增大灵敏度进行测量(“直接档”灵敏度最高)。

(5)测量时如果光点剧烈摆动，可将电位差计“短路键”锁住，使其受到阻尼作用而停止。

(6)实验结束或移动时，应将分流器开关置于“短路”，以防止损坏检流计。

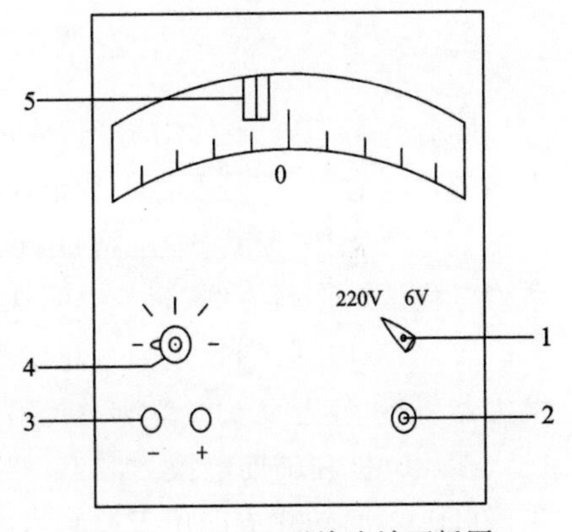

图 3-12 AC15 型检流计面板图

1. 电源开关；2. 零点调节器；3. 接线柱；4. 分流器开关；5. 光标

3.3.4.5 ST16A 单踪 10MHz 示波器

面板说明见图 3-13。有关控件按下列要求置位:亮度调节钮[3]、聚焦调节钮[4]、水平位移[7]和垂直位移[16]居中;垂直衰减开关[15]置于 0.1V;水平微调[8]和垂直微调[17]置于校正位置;触发方式及 X-Y 方式开关[11]置于自动;水平扫描速率[6]置于 0.5ms;触发极性及电视场转换钮[10]置于“+”;触发源选择开关[12]置于“INT”;耦合方式[18]置于“AC”。

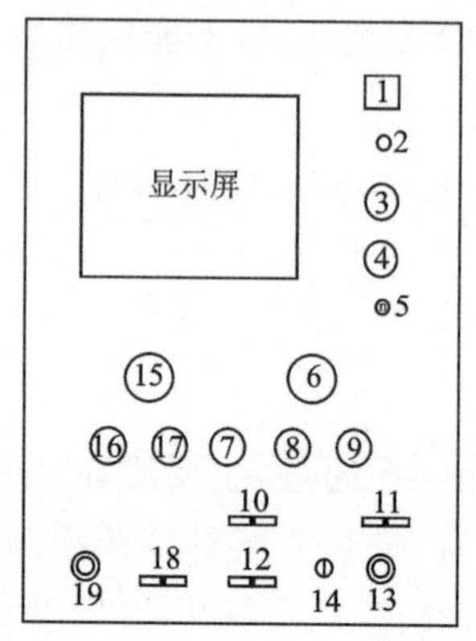

图 3-13 ST16A 单踪 10MHz 示波器面板示意图

1. 开关;2. 电源指示灯;3. 亮度调节钮;4. 聚焦调节钮;5. 信号校准钮;6. 水平扫描速率开关;7. 水平位移;8. 水平微调;9. 电平;10. 触发极性及电视场转换钮;11. 触发方式及 X-Y 方式开关;12. 触发源选择开关;13、19. 输入端子;14. X-Y 增益微调;15. 垂直衰减开关;16. 垂直位移;17. 垂直微调;18. 耦合方式选择钮

接通电源,电源指示灯亮,显示屏出现光迹。预热 5min,分别调节亮度、聚焦,使光迹清晰。如有闪烁可适当调节电平;如波形出现异常,注意检查线路连接是否正确。

3.3.4.6 电化学工作站

随着数字和电子技术的高速发展,电化学测量仪器也在不断地发展更新。传统的由模拟电路的恒电位仪、信号发生器和记录装置组成的电化学测量装置已被由计算机控制的电化学测量装置所代替,但其核心的恒电位仪和恒电流仪依然采用运算放大器构成。下面以 CHI 系列电化学工作站为例,简单说明现代电化学测量仪器的原理、主要特点。

(1)工作原理:CHI 系列电化学测量仪器(上海辰华仪器公司生产)通常由恒电位仪、信号发生器、记录装置以及电解池系统组成。电解池通常含有 3 个电极:工作电极(又称为研究电极)、参比电极和辅助电极。该工作站由计算机控制进行测量。计算机的数字量可通过模转化器(DAC)而转化成能用于控制恒电位仪或者恒电流仪的模拟量;而恒电位仪或者恒电流仪输出的电流、电压及电量等模拟量可通过模数转化器转换成可由计算机识别的数字量。通过计算机可进行各种操作,如产生各种电压波形、进行电流和电压的采样、控制电解池的通和断、灵敏度的选择、滤波器的设置、IR 降补偿的正反馈量、电解池的通氮除氧、搅拌、静水银电极的敲击和旋转电极控制等。由于计算机可同步产生扰动信号和采集数据,使得测量变得十分容易。计算机同时还可用于用户界面、文件管理、数据分析、处理、显示、数字模拟和拟合等。

(2)主要特点:仪器由外部计算机控制,且在视窗操作系统下工作。用户界面遵循视窗软件设计的基本规则。控制命令参数所用术语均为化学工作者熟悉和常用。最常见的一些命令在工具栏上均有相应的快捷键,便于执行。仪器的软件还具有方便的文件管理、几种技术的组合测量、数据处理和分析、实验结果和图形显示等功能。计算机控制的 CHI 系列电化学工作站十分灵活,实验控制参数的动态范围宽广,将多种测量技术集成于单个仪器中。不同实验技术间的切换也十分方便。CHI600A 系列的电化学工作站的具体功能参见表 3-5。从表中可见该仪器几乎集成了常规的电化学测量技术。

表 3-5　CHI600A 系列的电化学工作站功能一览表

循环伏安法(CV)	线性电位扫描法(LSV)	交流阻抗测量(IMP)
阶梯波伏安法(SCV)	塔菲尔曲线(TAFEL)	交流阻抗-时间测量(IMPT)
计时电流法(CA)	计时电量法(CC)	交流阻抗-电位测量(IMPE)
差分脉冲伏安法(DPV)	常规脉冲伏安法(NPV)	计时电位法(CP)
差分常规脉冲伏安法(DNPV)	方波伏安法(SWV)	电流扫描计时电位法(CPCR)
交流伏安法(ACV)	二次谐波交流伏安法(SHACV)	电位溶出分析(PSA)
电流-时间(I-t)曲线	差分脉冲电流检测(DPA)	开路电位-时间曲线(OCPT)
差分脉冲电流检测(DDPA)	三脉冲电流检测(TPA)	恒电流仪
控制电位电解库仑法(BE)	流体力学调制伏安法(HMV)	旋转圆盘电极转速控制(0～10V)
扫描-阶跃混合方法(SSF)	多电位阶跃法(STEP)	任意反应机理 CV 模拟器

3.4　光学测量仪器

光与物质相互作用可以产生各种光学现象(如光的折射、反射、散射、透射、吸收、旋光等),通过分析研究这些光学现象,可以提供原子分子及晶体结构等方面的信息。在物质的成分分析、结构测定及光化学反应等方面,都需要光学测量。光学测量系统包括光源、滤光器、样品器、检测器等部件,下面介绍几种常用的物理化学光学测量仪器。

3.4.1　阿贝折射仪

3.4.1.1　原理简介

折射率是物质的重要物理常数之一,测定折射率可以定量得到物质的纯度、浓度及其结构。在实验室中可用阿贝折射仪来测量液体物质的折射率,阿贝折射仪液体用量少、操作方便、读数准确。

阿贝折射仪是依据光的全反射原理设计,由两个折射率为 1.75 的玻璃直角棱镜构成。根据折射定律,当光由光疏介质(待测体)折射进入光密介质(棱镜)时,利用全反射临界角的测定方法测定折射率。WYA 阿贝折射仪如图 3-14 所示。

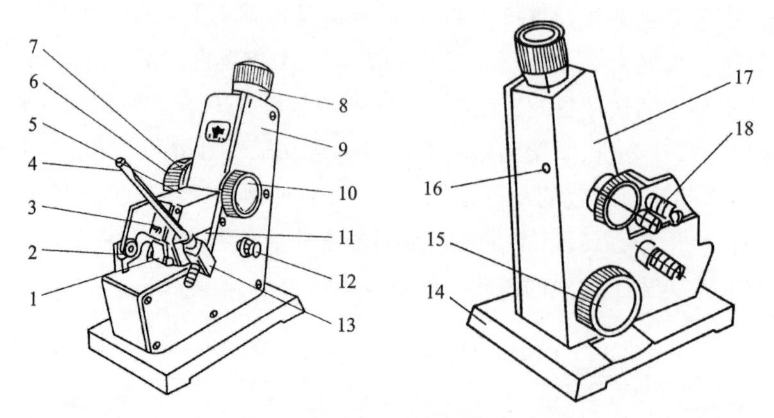

图 3-14　WYA 阿贝折射仪结构示意图

1. 反射镜；2. 转轴；3. 遮光板；4. 温度计；5. 进光棱镜；6. 色散调节手轮；7. 色散值刻度圈；8. 目镜；9. 盖板；10. 棱镜锁死手轮；11. 折射棱镜座；12. 照明刻度盘聚光镜；13. 温度计座；14. 底座；15. 折射率刻度调节手轮；16. 调整螺丝；17. 壳体；18. 恒温器接头

为使用方便，阿贝折射仪光源采用白光(自然光)而不用单色光。白光为各种不同波长的混合光。折射率与入射光的波长有关，由于波长不同的光在相同介质内的传播速率不同，所以会产生色散现象，在目镜中看到一条彩色的光带，没有清晰的明暗分界线。为此在仪器上装有可调的消色补偿器，通过调节其角度可消除色散现象，得到清楚的明暗分界线，这时所测得的液体折射率与用钠光 D 线所得的液体折射率相同。

折射率与温度有关，仪器装有恒温夹套，可以测量温度为 0～70℃内的折射率，将恒温水通入棱镜夹套内，连接阿贝折射仪的温度计所示读数为实验温度[一般选用(20.0±0.1)℃或(25.0±0.1)℃]。

折射率用符号 n 表示，故应在其右上角标出测量温度，右下角标出测量时所用的波长。例如 n_D^{25} 表示介质在 25℃时对钠黄光的折射率。

阿贝折射仪的标尺示数有两行(图 3-15)：下面一行是在以日光为光源的条件下直接换算成相当于钠光 D 线的折射率(1.300～1.700)；上面一行为 0%～95%，是工业上用折射仪测量固体物质在水中浓度的标准，通常用于测量蔗糖的浓度。

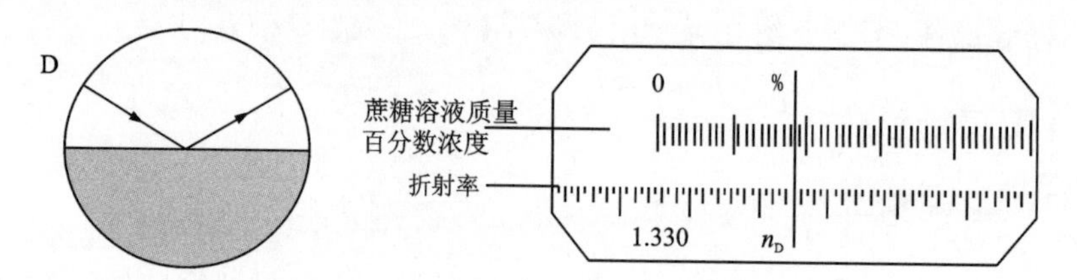

图 3-15　阿贝折射仪的明暗分界线(左)及读数盘示意图(右)

3.4.1.2　WYA 阿贝折射仪的使用方法

(1)准备工作。将阿贝折射仪置于光亮处，并避免阳光直射，阿贝折射仪与恒温水浴相连(做近似测量时可不用)，连接温度计，调节所需温度，恒温 10min。打开棱镜，滴无水乙醇和乙醚的混合液(或无水乙醇)于镜面上，用镜头纸单向轻轻擦镜面，再用镜头纸或医药棉将液体吸干。

(2)仪器校准。测量前可用已知折射率的蒸馏水($n_D^{25}=1.332\ 5$)进行校正，其方法如下：按操作要求加好标样(如蒸馏水)后，转动左边手轮使标尺读数等于蒸馏水的折射率，再消除色散，然后用方孔调节扳手旋动目镜前凹槽中的调整螺丝，使明暗分界线与十字线交于一点。

(3)液体样品测量。用干净滴管滴加数滴试液于折射棱镜表面上，立即闭合棱镜并旋紧，应使样品均匀，无气泡并充满视场。打开遮光板，合上反射镜，调节目镜视度，使十字线成像清晰，此时旋转手轮，使分界线位于十字线中心，转动色散调节手轮，消除彩色光带，使明暗分界线不带任何色彩，再适当转动聚光镜，使分界线和十字线相交于一点，此时目镜视场下方显示的示值即为被测液体的折射率。读出折射率值，估读至小数点后第四位，取平行测定结果的算术平均值作为测定结果，平行测定结果的绝对差值应不大于 0.000 2。

3.4.1.3　使用注意事项

(1)阿贝折射仪刻度盘上标尺的零点有时会发生移动，可用已知折射率的标准玻璃块和 α-溴萘校正。实验室一般用纯水作为标准物质来校正零点。

(2)使用时注意保护棱镜，用镜头纸或脱脂棉顺同一方向擦，不可用滴管等硬物触及镜面。

(3)测定后用擦镜纸擦干棱镜面，保持仪器干燥。不能用来测量酸、碱、氟化物等腐蚀性液体和折射率超范围试样。

3.4.2　WZZ-2B 自动旋光仪

旋光仪是研究溶液旋光性的仪器，用来测定平面偏振光通过具有旋光性物质的旋光度的大小和方向，从而定量测定旋光物质的浓度，确定某些有机物分子的立体构型。

WZZ-2B 自动旋光仪是采用光电自动平衡原理设计，测量结果由数字显示，具有体积小、灵敏度高、读数方便等优点，对弱旋光性物质同样适用。

3.4.2.1　工作原理

仪器采用 20W 钠光灯作光源，由小孔光栏和物镜组成一个简单的点光源平行光管，平行光经偏振镜Ⅰ变为平面偏振光，当偏振光经过有法拉第效应的磁旋线圈时，其振动平面产生 50Hz 的一定角度的往复振动，光线经过偏振镜Ⅱ投射到光电倍增管上，产生交变的电信号经过功率放大器。当偏振光通过一定旋光度的测试样品时，偏振光的振动面转过一个角度 α，此时光电信号驱动伺服电机转动，通过蜗轮、涡轮螺杆带动检偏镜转动 α 角使仪器重回平衡(即回到光学零点)，此时读数盘显示出样品的旋光度，如图 3-16 所示。

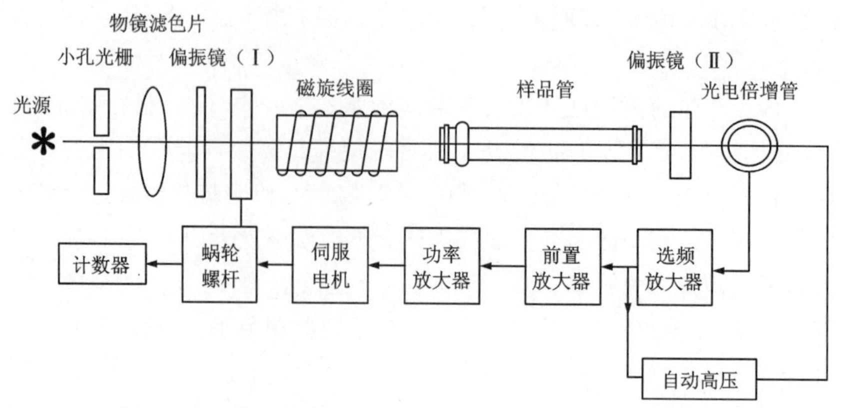

图 3-16　WZZ-2B 型自动数字显示旋光仪工作原理示意图

3.4.2.2　仪器使用方法

(1)打开电源、光源开关,钠光灯应启亮(若光源开关扳上后钠光灯熄灭,再将光源开关上、下重复扳动 1～2 次,使钠光灯在直流下点亮),经 5min 钠光灯预热激活,发光稳定预热 20min 为正常。

(2)按“测量”键,这时数码管应有数字显示。如已有数字则不需按测量键,开机后测量键只能按一次。如误按,则仪器停止测量液晶屏无显示,需重新校准。

(3)将装有蒸馏水或其他空白试剂的试管放入样品室,盖上箱盖,待示数稳定后,按“清零”钮,试管中若有气泡,应先让气泡浮在凸颈处;通光面两端的雾状水滴,应用软布揩干。试管螺帽不宜旋得过紧,以免产生应力,影响读数。试管安放时应注意标记的位置和方向。

(4)取出空白试管。将待测样品注入试管(用少量被测样品溶液润洗几次),按相同的位置和方向放入样品室内,盖好箱盖。仪器数显窗将显示出该样品的旋光度。

(5)逐次按下复测按钮,重复读几次数,取平均值作为样品的测定结果。

(6)如样品超过测量范围,仪器在 ±45°处来回振荡。此时,取出试管,仪器即自动转回零位。

(7)仪器使用完毕后,应依次关闭测量、光源、电源开关。

(8)钠灯在直流供电系统出现故障不能使用时,仪器也可在钠灯交流供电的情况下测试,但仪器的性能可能略有降低。

(9)当放入小角度样品(小于 0.5°)时,示数可能变化,这时只要按复测按钮,就会出现新的数字。

3.4.3　分光光度计

3.4.3.1　基本原理

一束单色光通过有色溶液时,溶液中的溶质能吸收其中的一部分。物质对光的吸收是有选择性的,一种物质对不同波长的光吸收程度不同。

用透光率或光密度表示物质对光的吸收程度。如果入射光强度用 I_0 表示,透射光强度用

I_t表示，定义透光率用 T 表示，即 $T=I_t/I_0$。定义 $\lg(I_0/I_t)$为吸光度（或消光度、光密度），用 A 表示，即 $A=\lg(I_0/I_t)$。显然，T 越小，或 A 越大，则溶液对光的吸收程度越大。

Lamber-Beer 定律总结了溶液对光的吸收规律：一束单色光通过有色溶液时，有色溶液的吸光度 A 与溶液的浓度 c 及液层厚度 L 的乘积成正比，即：

$$A=\varepsilon cL \tag{3-5}$$

式中：比例常数ε为吸光系数（比密度系数），它与物质的性质、入射光的波长和溶液的温度等因素有关。

由式(3-5)可以看出，当溶液层厚度一定时，溶液的吸光度只与溶液的浓度成正比。由 T 的定义可知，$-\lg T=\varepsilon cL$，在同样条件下，透光率的负对数与溶液的浓度成正比。测定时一般只读取吸光度。

分光光度法就是以 Lamber-Beer 定律为基础建立起来的分析方法。一般在测量样品前，先测量一系列已知准确浓度的标准溶液的吸光度，画出吸光度-浓度曲线作为工作曲线。样品的吸光度测出后，就可以在工作曲线上求出相应的浓度。

3.4.3.2　UV/V1 型紫外/可见分光光度计操作方法

(1)开机自检。确认仪器光路中无阻挡物，关上样品室内门，打开仪器电源开始自检。

(2)预热。仪器自检完成后进行预热状态，预热时间需要在 30min 以上。

(3)测量模式选择。主界面下，按数字键“1”进入测量模式。

(4)设置波长。按“GOTO λ”键进入设定波长，按数字键输入波长值，再按“ENTER”键走到设定的波长值并自动校准 100%T/0Abs。

(5)参比溶液调零。将参比液（水）和待测溶液分别装入不同的洁净比色皿中，并将装有样品的比色皿安装在分光光度计样品室的样品池中。当参比液（水）在光路状态下，按“ZERO”键校准 100%T/0Abs，显示屏上显示“0.000Abs”，即可开始测量。

(6)待测溶液吸光度测量。在完成步骤(5)的前提下，拉动样品池拉手，将待测溶液置于光路中，记录液晶显示屏幕上显示的测量结果。

4 基础实验

实验一 燃烧焓的测定

一、实验目的

1. 了解氧弹式量热计的原理、构造和使用方法。
2. 明确化学反应热效应的定义，了解等压热效应与等容热效应的区别及联系。
3. 掌握用热化学方法测定物质燃烧焓的实验技术，并测定萘的摩尔燃烧焓。
4. 明确雷诺图解法校正温度的意义，并掌握其正确的校正方法。

二、实验原理

在一定温度和压力下，一摩尔物质完全氧化为相同温度下指定产物时的摩尔反应焓变，称为该物质在该温度下的摩尔燃烧焓。所谓“完全氧化”是指物质中的C、H、S、N等元素分别变为$CO_2(g)$、$H_2O(l)$、$SO_2(g)$和$N_2(g)$。在等温等容条件下测得的摩尔燃烧焓称为等容摩尔燃烧焓$\Delta_c U_m$；而在等温等压条件下测得的摩尔燃烧焓称为等压摩尔燃烧焓，一般习惯称为摩尔燃烧焓$\Delta_c H_m$。根据热力学的推导，两者之间的关系为：

$$\Delta_c H_m = \Delta_c U_m + \sum_B \nu_B(g)RT \tag{4-1-1}$$

式中：$\nu_B(g)$为燃烧反应方程式中各气体物质的化学计量系数；R为摩尔气体常数；T为反应温度。

实验室测量反应热通常用量热计，常用的量热计有环境恒温式量热计和绝热式量热计。本实验采用环境恒温式量热计测定物质的等容摩尔燃烧焓，其实验装置如图4-1-1所示。实验时，将被测样品置于氧弹（一种特制的钢瓶）内，氧弹被密封并充有高压氧气。氧弹内装有一根用来点燃样品的金属丝（通常称为点火丝），点火丝与样品接触（图4-1-2）并与外电路连通。氧弹放在盛有一定量水的金属桶（简称内桶）内，桶内同时装有温度计，内桶周围是隔热层。

测量时，接通电源，点火丝燃烧，样品即被引燃，点火丝和样品燃烧放出的热量传递给周围的吸热介质（氧弹、水、内桶、搅拌器等），引起介质的温度上升。若吸热介质与外界完全无热交换，燃烧前后吸热介质的温度变化为ΔT，吸热介质的热容C视为常数，则点火丝燃烧放出的热量与样品燃烧放出的热量之和应等于吸热介质吸收的热量，即：

$$\frac{m}{M}\Delta_c U_m + q\Delta l = -C\Delta T \tag{4-1-2}$$

式中：m 为燃烧样品的质量；M 为样品的摩尔质量；$\Delta_c U_m$ 为样品的等容摩尔燃烧焓；q 为单位长度点火丝燃烧放出的热量（铁丝的 q 为 $-2.9\text{J}\cdot\text{cm}^{-1}$）；$\Delta l$ 为燃烧掉的点火丝长度；C 为吸热介质的热容。本实验用苯甲酸作为标准物质，其 $\Delta_c U_m$ 可查表，由此即可标定吸热介质的热容 C。

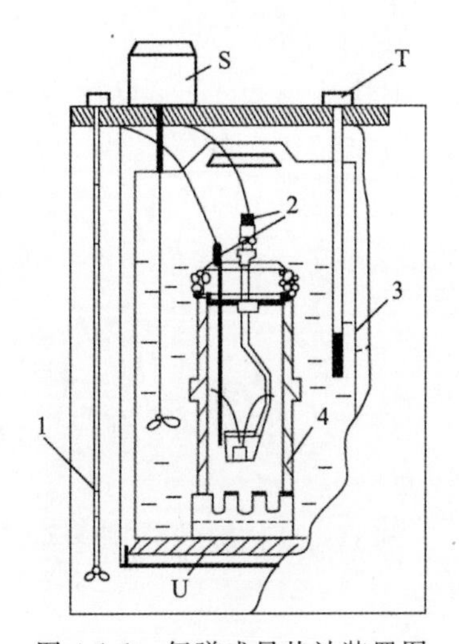

图 4-1-1　氧弹式量热计装置图

1. 外筒搅拌杆；2. 电极；3. 内桶；4. 氧弹；T. 测温探头；S. 电动搅拌装置；U. 隔热垫圈

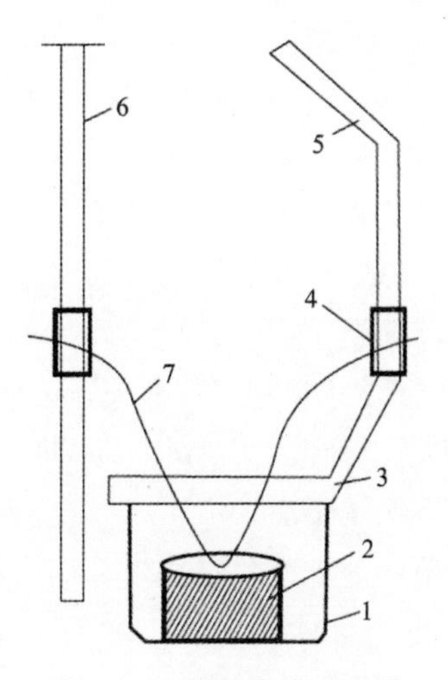

图 4-1-2　样品安放示意图

1. 坩埚；2. 样品；3. 坩埚支架；4. 线卡；5、6. 电极；7. 点火丝

三、仪器与试剂

仪器：氧弹式量热计 1 个；SHR-15A 燃烧热实验仪 1 台；台秤或百分之一电子天平 1 台；万分之一电子天平 1 台；压片机 1 台；点火丝若干；1000cm^3 容量瓶 1 个；直尺 1 把。

试剂：萘（A. R.）；苯甲酸（A. R.）；氧气。

四、实验步骤

1. 熟悉实验仪器装置（图 4-1-1），整理并擦拭干净氧弹、量热计及其附件。电子天平检查水平，预热 30min。

2. 标定热容 C。

（1）用台秤或百分之一电子天平称取约 0.65g 苯甲酸，在压片机上压片成型，将片状样品在万分之一电子天平上准确称量，并记录其质量为 m。

（2）将氧弹盖置于弹头架上。用直尺量取约 10cm 点火丝，将金属点火丝中部在别针上绕 5～6 圈，然后将点火丝两端卡于氧弹两电极的线槽内并用线卡卡住，要求两电极间点火丝长度不短于 8cm，如图 4-1-2 所示。

（3）将装有苯甲酸的小坩埚置于坩埚架上，小心操作使点火丝的下端线圈接触样品凹面（点火丝切勿接触坩埚）。

（4）旋紧氧弹盖，持稳氧弹，对准充氧装置的充氧口，下压其手柄至压力表指示为～2.0MPa，保持 15s，松开手柄，充氧完成。

(5)用容量瓶量取 $3000cm^3$ 水装入量热计的内桶中。将已充氧的氧弹置于内桶的氧弹座上，如有气泡逸出，说明氧弹漏气，需取出作检查排除。

(6)按下量热计控制器的“电源”键，将一根电极旋在氧弹电极上，另一根电极插入电极孔，此时点火指示灯亮。盖上量热计盖子，并将测温探头插入内桶。手动外筒搅拌杆稍加搅拌量热计外筒的水。

(7)开启量热计控制器的“搅拌”开关，待水温基本稳定后，记录温度读数(即反应温度 T)。按下温差“采零”键，数据显示 0.000，即刻按下“锁定”键。按“▲”键设置时间间隔为 30s，即每 30s 记录一个温差数据，记录 10～20 个数据(此为测量前期)；按下“点火”键，继续读数(此时注意观察，如温度快速升高，表示点火成功)，直至两次读数差值小于 0.005℃(此为测量主期)；再继续记录 20 个数据(此为测量后期)。

(8)关闭“搅拌”和“电源”开关。将测温探头插入外筒，取出氧弹，用泄压阀顶住氧弹充气孔，泄压后旋下氧弹盖，用直尺测量燃烧后剩余点火丝长度并记录之。倒掉内桶的水，将内桶、氧弹、坩埚擦拭干净。

3. 测定萘的等容摩尔燃烧焓。用台秤或百分之一电子天平称取约 0.45g 萘，按步骤 2. 重复实验。

五、注意事项

1. 注意样品压片的紧实程度，压得太紧样品不易燃烧，压得太松样品容易破碎。

2. 点火丝应与样品接触良好，氧弹的两个电极不可短路。

3. 燃烧热控制器“采零”后必须“锁定”。

4. 当水温介于 9.5～10.5℃时，应手握测温探头；待温度高于 10.5℃后，才能按“采零”并“锁定”。

5. 点火后，若温度不变或变化微小，表明样品没有成功点燃，应停机检查，重新实验。

六、数据记录与处理

1. 数据记录。

参照表 4-1-1 将记录的温差数据与时间列表。

表 4-1-1　实验数据记录表　　单位：℃

测量前期(每 30s 读数)	测量主期(每 30s 读数)	测量后期(每 30s 读数)
1		
2		
3		
…		

2. 采用雷诺图法校正温差数据。

式(4-1-2)中的 ΔT 是系统(吸热介质)与环境完全无热交换下的温度变化，但实际上系统和环境的热交换是无法完全避免的，另外因为搅拌器不断工作，对量热系统的温度变化值也会产生影响，所以用雷诺温度图来校正温差数据，即绘制温度-时间图，即得温度变化曲线 $abcd$（图 4-1-3）。T_1 为点火时的温度（b 点），T_2 为样品燃烧完毕时的温度（c 点）。在曲线 bc 上取 O 点，O 点对应的温度 $T=(T_1+T_2)/2$。过 O 点作纵坐标的平行线 AB，延长 ab 和 dc 与 AB 分别交于点 E 和 F，E 和 F 两点对应的温度之差即为校正后的 ΔT。

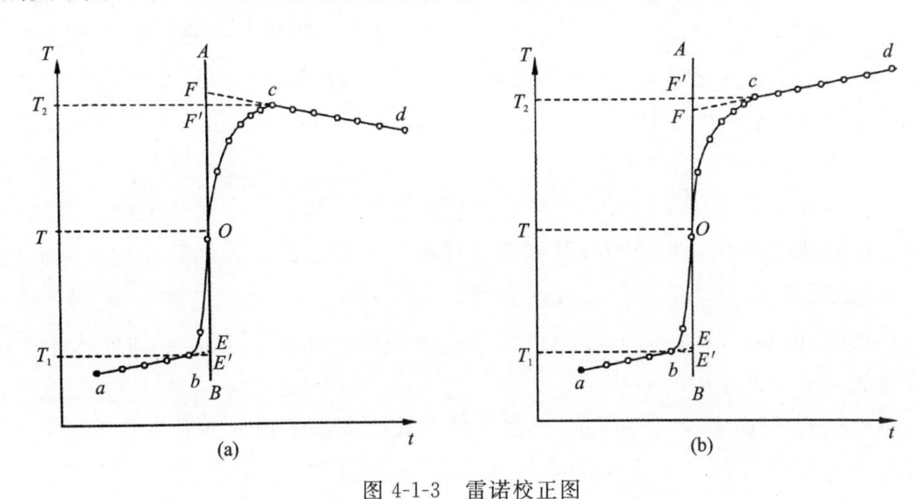

图 4-1-3　雷诺校正图

(a)样品燃烧完成后温度下降的情况；(b)样品燃烧完成后温度继续上升的情况

3. 根据公式(4-1-2)求算吸热介质的热容 C。

4. 求算萘的 $\Delta_c U_m$ 和 $\Delta_c H_m$ 。

附注：苯甲酸和萘的燃烧反应方程式如下：

$$C_7H_6O_2(s)+\frac{15}{2}O_2(g)=7CO_2(g)+3H_2O(l)$$

$$C_{10}H_8(s)+12O_2(g)=10CO_2(g)+4H_2O(l)$$

七、思考题

1. 在本实验中哪些是系统？哪些是环境？系统和环境之间有哪些形式的能量交换？

2. 实验装置做了哪些设计以使系统内部能快速达到热平衡，并尽可能减少系统与环境之间的能量交换？

3. 打开氧弹若发现有黑色残渣说明样品燃烧不完全，造成此结果的可能原因有哪些？

4. 使用氧气钢瓶时应注意哪些问题？操作减压阀充氧有哪几个步骤？

实验二　溶解热的测定

一、实验目的

1. 了解电热补偿法测定热效应的基本原理。

2. 用电热补偿法测定 KNO_3 在不同浓度水溶液中的积分溶解热。

3. 用作图法求 KNO_3 在水中的微分稀释热、积分稀释热和微分溶解热。

二、实验原理

物质溶于溶剂时，常伴随有热效应产生。物质溶解过程所产生的热效应称为溶解热。溶解热可分为积分溶解热和微分(或称定浓)溶解热。积分溶解热是指在等温等压下，1mol 溶质溶于 n_0 mol 溶剂中产生的热效应，也称变浓溶解热，用 Q_s 表示。微分溶解热是指在等温等压下，1mol 溶质溶于某一确定浓度的无限量的溶液中产生的热效应。由于溶解过程中溶液的浓度可视为不变，也称定浓溶解热。

稀释热是指在恒温恒压下，1mol 溶剂加到某浓度的溶液中使之稀释所产生的热效应，又称冲淡热。稀释热也可分为积分稀释热和微分稀释热两种。积分稀释热是指在等温等压下，把原含 1mol 溶质及 n_{01} mol 溶剂的溶液稀释到含溶剂为 n_{02} mol 时的热效应，即两浓度溶液的积分溶解热之差，以 Q_d 表示。微分稀释热是指在等温等压下，将 1mol 溶剂加入某一确定浓度的无限量的溶液中产生的热效应。

积分溶解热 Q_s 可由实验直接测定，其他 3 种热效应则通过积分溶解热曲线求得。

设纯溶剂和纯溶质的摩尔焓分别为 $H_m(1)$ 和 $H_m(2)$，在溶液中溶剂和溶质的偏摩尔焓分别为 $H_{1,m}$ 和 $H_{2,m}$，则对于由 n_1 mol 溶剂和 n_2 mol 溶质组成的系统，在溶解前系统总焓 H 为：

$$H = n_1 H_m(1) + n_2 H_m(2) \tag{4-2-1}$$

溶解后溶液的焓 H' 为：

$$H' = n_1 H_{1,m} + n_2 H_{2,m} \tag{4-2-2}$$

因此溶解过程热效应 Q 为：

$$Q = H' - H = n_1[H_{1,m} - H_m(1)] + n_2[H_{2,m} - H_m(2)] = n_1 \Delta_{mix} H_m(1) + n_2 \Delta_{mix} H_m(2) \tag{4-2-3}$$

式中：$\Delta_{mix} H_m(1)$ 为微分稀释热；$\Delta_{mix} H_m(2)$ 为微分溶解热。

根据定义，积分溶解热 Q_s 为：

$$Q_s = \frac{Q}{n_2} = \frac{n_1}{n_2} \Delta_{mix} H_m(1) + \Delta_{mix} H_m(2) = n_0 \Delta_{mix} H_m(1) + \Delta_{mix} H_m(2) \tag{4-2-4}$$

以 Q_s 对 n_0 作图，可得图 4-2-1 的曲线。AF 与 BG 分别为将 1mol 溶质溶于 n_{01} mol 和 n_{02} mol 溶剂时的积分溶解热 Q_s，BE 表示在含有 1mol 溶质的溶液中加入溶剂，使溶剂量由 n_{01} mol 增加到 n_{02} mol 过程的积分稀释 Q_d。曲线 A 点的切线斜率等于该浓度溶液的微分稀释热，即：$\Delta_{mix} H_m(1) = AD/CD$。该切线在纵轴上的截距 OC 等于该浓度溶液的微分溶解热 $\Delta_{mix} H_m(2)$。

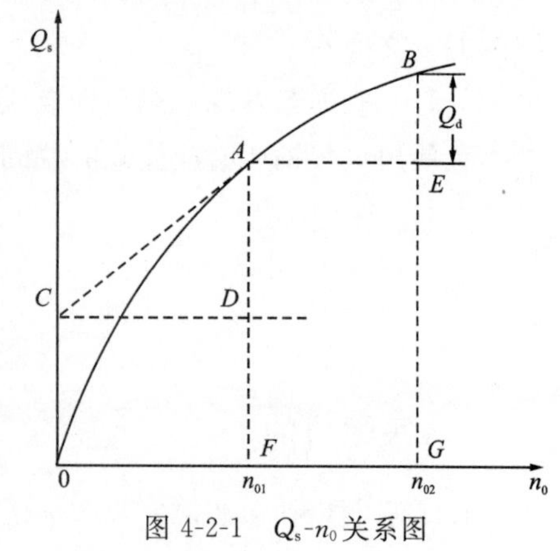

图 4-2-1 Q_s-n_0 关系图

本实验测定 KNO_3 在水中的溶解热，由于该溶解过程是一个吸热过程，可用电热补偿法测定。先测定系统

的起始温度 T，溶解过程中系统温度随吸热反应的进行而降低，再用电加热法使系统升温至起始温度，根据所消耗的电能求出热效应 Q：

$$Q=I^2Rt=UIt \tag{4-2-5}$$

式中：I 为通过电阻 R 的电热器的电流强度；U 为电阻丝两端所加的电压；t 为通电时间。

三、仪器与试剂

仪器：SWC-RJ 溶解热实验装置 1 套；台秤 1 台；电子天平 1 台；干燥器 1 个；称量瓶 8 个(ϕ20mm×40mm)。

试剂：KNO_3(A. R.，研细 200 目，在 110℃烘干，保存于干燥器中)。

四、实验步骤

1. 将 8 个称量瓶编号，在台秤上称量，依次加入干燥好并已研细的 KNO_3，其质量分别约为 2.5g、1.5g、2.5g、2.5g、3.5g、4.0g、4.0g 和 4.5g，再用电子天平称出准确数据。称量后将称量瓶放入干燥器待用。

2. 在台秤上用杜瓦瓶直接称取 200.0g 蒸馏水，放入磁珠，拧紧瓶盖，并放到反应架固定架上(杜瓦瓶用前需干燥)。

3. 经教师检查无误后接通电源，打开电源开关，仪器处于待机状态。

4. 将"O"形圈套入传感器，调节"O"形圈使传感器浸入蒸馏水约 100.0mm，把传感器探头插入杜瓦瓶内(注意：不要与瓶内壁相接触)。

5. 按下"状态转换"键，使 SWC-RJ 溶解热实验装置处于测试状态(即工作状态)。调节"加热功率调节"旋钮，使其显示为实验所需要的功率。调节"调速"旋钮使磁珠为实验所需要的转速。

6. 待杜瓦瓶内溶剂的温度升高ΔT(一般为 0.5℃)，按"状态转换"键切换到待机状态，立刻打开杜瓦瓶的加料口，按编号加入第一份样品，同时按下"状态转换"键，切换到测试状态，仪器自动清零并同步计时(此刻软件开始绘图)，盖好加料口塞，观察温差的变化或软件界面显示的曲线，当等温差值回到零附近时，加入第二份样品，依次类推，加完所有的样品。

7. 按"状态转换"键，使 SWC-RJ 溶解热测定装置处于待机状态。把加热功率调到最小，关闭电源开关，拆去实验装置，检查 KNO_3 是否溶完，如未全溶，则必须重新操作；溶解完全，可将溶液倒入回收瓶中，把量热计等器皿洗净放回原处。

8. 用分析天平称量已倒出 KNO_3 样品的空称量瓶，求出各次加入 KNO_3 的准确质量。

五、注意事项

1. 实验过程中要求 I、U 值恒定，故应随时注意。

2. 实验过程中切勿按停读数，直到最后方可。

3. 固体 KNO_3 易吸水，故称量和加样动作应迅速。为确保 KNO_3 迅速、完全溶解，在实验前务必将其研磨到 200 目左右，并在 110℃下烘干。

4. 整个测量过程要尽可能保持绝热，减少热损失。因量热器绝热性能与盖上各孔隙密封程度有关,实验过程中要注意盖严。

六、数据记录与处理

1. 根据溶剂的质量和加入溶质的总质量,求算各次累积的浓度,用 $n_0 = \frac{n_{H_2O}}{n_{KNO_3}}$ 表示。

2. 按 $Q=UIt$ 公式计算各次溶解过程的热效应,进而计算每次累积的热量 Q_s。

3. 将以上数据列表并作 Q_s-n_0 图,从图中求出 $n_0=80$、100、200、300 和 400 处的积分溶解热和微分稀释热,以及 n_0 从 80→100、100→200、200→300、300→400 的积分稀释热。

七、思考题

1. 试设计一个测定强酸(HCl)与强碱(NaOH)中和反应的实验方案。
2. 影响本实验结果的因素有哪些?

实验三　液体饱和蒸气压的测定(静态法)

一、实验目的

1. 掌握液体饱和蒸气压的概念,学会静态法测定液体饱和蒸气压的实验方法。
2. 掌握用克劳修斯-克拉佩龙(Clausius-Clapeyron)方程计算液体的平均摩尔蒸发焓。
3. 了解真空系统的设计、安装和捡漏以及实验操作时抽气和排空气的控制。

二、实验原理

一定温度下,在真空密闭容器中纯液体与其蒸气达到气液平衡时,液面上气相的压力称为该液体在此温度下的饱和蒸气压,简称蒸气压。若假设蒸气为理想气体,忽略液体的体积,则纯液体的蒸气压与温度之间的定量关系可用 Clausius-Clapeyron 方程来描述:

$$\frac{\mathrm{d}\ln(p/p^{\ominus})}{\mathrm{d}T} = \frac{\Delta_{\mathrm{vap}}H_{\mathrm{m}}}{RT^2} \tag{4-3-1}$$

式中:T 为热力学温度;p 为纯液体在实验温度 T 时的饱和蒸气压;R 为摩尔气体常数;$p^{\ominus}$ 为标准压力;$\Delta_{\mathrm{vap}}H_{\mathrm{m}}$ 为液体的摩尔蒸发焓。

液体的摩尔蒸发焓是温度的函数,在温度变化范围不大时,将其视为定值,称为平均摩尔蒸发焓。对式(4-3-1)积分,得:

$$\ln(p/p^{\ominus}) = -\frac{\Delta_{\mathrm{vap}}H_{\mathrm{m}}}{RT} + B \tag{4-3-2}$$

式中:B 为积分常数。

在一定温度范围内,测定不同温度下液体的饱和蒸气压,以 $\ln(p/p^{\ominus})$ -$1/T$ 作图可得一直线,由直线斜率可求出纯液体的平均摩尔蒸发焓 $\Delta_{\mathrm{vap}}H_{\mathrm{m}}$。

在一定的大气压力下,当液体的饱和蒸气压等于外压时,液体开始沸腾,此时的温度称为液体的沸点。当外压为标准压力时的沸点称为正常沸点。由式(4-3-2)也可以用作图或者计算的方法求算液体的正常沸点。

测定液体饱和蒸气压常用的方法有静态法、动态法和饱和气流法等。静态法是在某一温度下直接测量液体饱和蒸气压,此方法一般适用于饱和蒸气压比较大的液体。动态法是在不同外压力下测定液体的沸点。饱和气流法是在一定的温度和压力下,以干燥的惰性气体为载气,让其以一定的流速缓慢地通过被测液体,使其被该液体饱和。然后测定所通过的气体中被测液体蒸气的含量,根据达尔顿分压定律就可算出被测液体的蒸气压。本实验选用静态法测定不同温度下乙醇的饱和蒸气压。

三、仪器与试剂

仪器:蒸气压测定装置 1 套;精密数字压力计 1 台;真空泵 1 台;玻璃恒温水浴 1 套。

试剂:无水乙醇(A. R.)。

四、实验步骤

1. 装试样。实验装置如图 4-3-1 所示。从左至右分别为气-液平衡系统、压力测定、压力控制 3 部分。取下平衡管,向其中加入乙醇,使储液管 a 中乙醇液面高度约为 1/3,“U”形等位计 b、c 中乙醇液面的平均高度在 1/2~2/3 之间,然后装好平衡管。需要注意的是,平衡管上部的磨口玻璃帽子很容易摔碎,在调整平衡管中乙醇的液面高度时需取下帽子,待调整好乙醇高度、固定好平衡管后再盖上帽子。

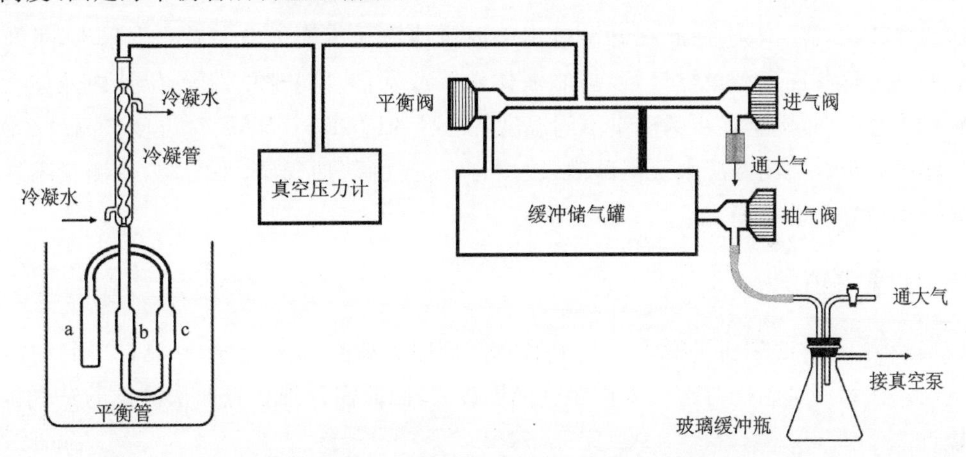

图 4-3-1 静态法测定液体饱和蒸气压的实验装置图

2. 压力计采零。打开平衡阀、抽气阀、进气阀,稍稍拧松进气阀下面的铜帽,使系统与大气相通。开启真空精密数字压力计的电源,选择单位为 kPa,待精密数字压力计读数稳定后,按下“采零”键使其数显值为零,并记录采零时的大气压。

3. 检查系统气密性。缓慢打开冷凝水,控制水流速。关闭平衡阀、抽气阀、进气阀。关闭玻璃缓冲瓶的阀门,开启真空泵,然后打开抽气阀、平衡阀,对整个测量系统减压。待压力计读数为−70kPa 左右时,关闭抽气阀。若压力计显示值在 3min 内基本不变(开始时可能有微小变化)，则表明系统不漏气。若系统漏气，则应分段检查直至系统不漏气才可进行下一步实验。

4. 排平衡管内的空气。若系统不漏气，则在开启真空泵的状态下，依次打开抽气阀、平衡阀，进一步对整个测量系统减压，使储液管 a 与"U"形等位计之间的空气呈气泡状逐个逸出。系统压力越低则气泡逸出速率越快。当气泡逸出速率较快时(在 25℃时约为－93kPa，30℃时约为－90kPa)，关闭平衡阀以避免气泡成串逸出。进一步打开抽气阀加大抽气速率单独对缓冲储气罐减压约 2min，使缓冲储气罐压力低于系统压力，再依次关闭抽气阀，玻璃缓冲瓶通大气，关闭真空泵。小心控制平衡阀使液体沸腾 4～5min，以排尽平衡管中的空气。排空气时如液体有暴沸现象，则需小心打开进气阀以抑制暴沸。在进气过程中如空气倒灌进两段液体之间的气体区域，则需重新排空气。

5. 测定乙醇的饱和蒸气压(每个温度测 2 次)。开启玻璃恒温水浴的开关，按"工作/置数"钮至"置数"灯亮，依次调"×10、×1、×0.1、×0.01"键，设置需要恒定温度的精确数值 25℃(或 30℃)。将加热器、搅拌器开关置于"强"位置，按"工作/置数"钮至"工作"灯亮，此时加热器、搅拌器处于工作状态，实时温度显示水温的变化。待恒温槽温度接近设定温度时，将加热方式切换为"弱"，恒温 10min。极为缓慢地打开进气阀，使"U"形等位计两边的液面等高(严防空气倒灌)；若进气量过多，则可以打开平衡阀对系统减压调节液面等高，记录液面等高时压力计的读数。缓慢打开平衡阀使液体再次沸腾 1～2min，然后按上述操作步骤进行第 2 次测量。前后两次测量的压力值相差应不大于 0.20kPa，否则需再次测量。

分别调节恒温槽温度为 30℃、35℃、40℃、45℃、50℃(至少测 5 个温度的数据)。温度升高液体的饱和蒸气压增大，因此在升温过程中因液体饱和蒸气压增大易发生暴沸，可及时通过小心调整进气阀漏入少量空气，以抑制液体沸腾或暴沸，防止"U"形等位计内液体大量挥发而影响实验)。重复上述步骤测量不同温度下乙醇的饱和蒸气压，每个温度下测量 2 次。

6. 实验结束。关闭冷凝水及恒温槽，缓慢打开进气阀、抽气阀、平衡阀，使测量系统与大气相通。整理好实验桌面。

五、注意事项

1. 实验测定前，必须将平衡管 a、b 中的空气排净。如空气未排净，则测试得到的蒸气压数值偏高。在第一个温度时空气未排净可能性最大，因此需仔细核查两次测试的蒸气压数据是否接近。

2. 使系统通大气或使系统减压应以缓慢的速度进行。整个实验过程中，要防止液体暴沸，严防空气倒灌，如空气倒灌需要重新排空气再进行实验。

3. 关闭真空泵之前，要先将玻璃缓冲瓶中通入大气，以防止泵中的油倒灌。

4. 液体蒸气压与温度有关，故测定过程中恒温槽的温度波动应控制在±0.1℃以内。

六、数据记录与处理

1. 将实验数据填入表 4-3-1 中。

表 4-3-1　实验数据记录表

室温：__________　　　　　　　　　　　　大气压 p_e：__________

温度 t/℃	温度 T/K	$(1/T)/K^{-1}$	压力计读数 Δp/kPa	p/kPa	$\ln(p/p^\ominus)$
…	…	…	…	…	…

p 为乙醇的饱和蒸气压，其与 1 个标准大气压以及精密数值压力计读数的关系为：$p=p_e+\Delta p$。

2. 以 $\ln(p/p^\ominus)-1/T$ 作图可得一直线，根据直线斜率求算乙醇的平均摩尔蒸发焓，并与手册值进行比较，求算相对误差。

3. 由图 $\ln(p/p^\ominus)-1/T$ 用外推法得到乙醇的正常沸点，或者由直线上的点确定式(4-3-2)积分常数 B，结合步骤 2. 确定的平均摩尔蒸发焓，求算乙醇的正常沸点(在外压为 101.325kPa 下的沸点)，并与文献值比较。

七、思考题

1. 为何不能在加热的情况下检查系统的气密性？
2. 在实验过程中，为什么要防止空气倒灌？怎样防止实验过程中的空气倒灌？
3. 为什么要将平衡管 a、b 管上方的空气排尽？如果没有排尽，对实验结果有何影响？
4. "U"形等位计中的液体起什么作用？

实验四　液体饱和蒸气压的测定(动态法)

一、实验目的

1. 掌握动态法测定液体饱和蒸气压的实验方法。
2. 用克劳修斯-克拉佩龙(Clausius-Clapeyron)方程计算液体的平均摩尔蒸发焓。

二、实验原理

一定温度下，在真空密闭容器中纯液体与其蒸气达到气液平衡时，液面上气相的压力称为该液体在此温度下的饱和蒸气压，简称为蒸气压。液体的饱和蒸气压与温度的关系可用克劳修斯-克拉佩龙(Clausius-Clapeyron)方程表示：

$$\frac{\mathrm{d}\ln(p/p^\ominus)}{\mathrm{d}T}=\frac{\Delta_{vap}H_m}{RT^2} \tag{4-4-1}$$

式中：T 为热力学温度；p 为纯液体在实验温度 T 时的饱和蒸气压；R 为摩尔气体常数；$\Delta_{vap}H_m$ 为液体的摩尔蒸发焓，是温度的函数，在温度变化范围不大时，将其视为定值，称为平均摩尔蒸发焓。对式(4-4-1)积分，得：

$$\ln(p/p^\ominus)=-\frac{\Delta_{vap}H_m}{RT}+B \tag{4-4-2}$$

以 $\ln(p/p^\ominus)-1/T$ 作图可得一直线，由直线斜率可求出纯液体的平均摩尔蒸发焓

$\Delta_{vap}H_m$。因此可以通过测定纯液体在不同温度下的饱和蒸气压来确定其平均摩尔蒸发焓。

测定液体饱和蒸气压常用的方法有静态法、动态法和饱和气流法等。静态法是在某一温度下直接测量液体饱和蒸气压，此方法一般适用于饱和蒸气压比较大的液体。动态法是在不同外压力下测定液体的沸点。饱和气流法是在一定的温度和压力下，以干燥的惰性气体为载气，让其以一定的流速缓慢地通过被测液体，使其被该液体饱和。然后测定所通过的气体中被测液体蒸气的含量，根据达尔顿分压定律就可算出被测液体的蒸气压。本实验选用静态法测定不同温度下乙醇的饱和蒸气压。

本实验用动态法测定纯液体的饱和蒸气压，实验装置如图 4-4-1 所示。将一定量的纯液体置于沸点测定瓶中，在一定的外压下加热。当液体的蒸气压等于外压时，气-液两相达到平衡，温度稳定，此时的温度为液体在该压力下的沸点。改变外压，液体的蒸气压及沸点也随之改变，据此可测出纯液体在不同沸点下的蒸气压。

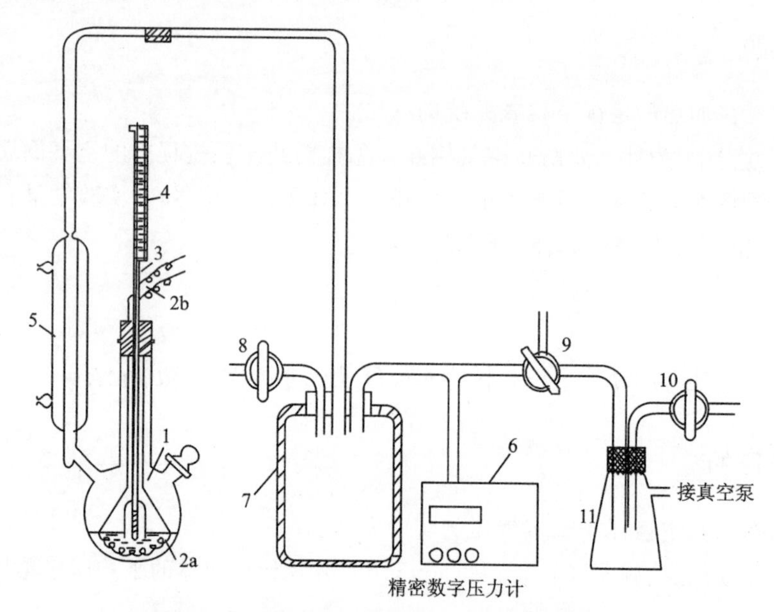

图 4-4-1　测定液体饱和蒸气压的实验装置图

1. 沸点测定瓶；2a. 加热电阻丝；2b. 导线；3. 温度计；4. 辅助温度计；5. 冷凝管；6. 精密数字压力计；7. 缓冲瓶；8. 进气活塞；9. 三通抽气活塞；10. 放空活塞；11. 安全瓶

三、仪器与试剂

仪器：蒸气压测定装置 1 套；精密数字压力计 1 台；调压变压器 1 台；真空泵 1 台。

试剂：重蒸馏水若干。

四、实验步骤

1. 检查系统气密性。使系统通大气，接通精密数字压力计的电源，选择单位为 kPa，按下“采零”键使其显示为 0.000。关闭进气活塞和放空活塞，使三通抽气活塞与缓冲瓶及安全瓶接通。启动真空泵抽气，直至精密数字压力计读数为 −80～−70kPa，关闭三通抽气活塞，如

图 4-4-1 中所处位置，抽气活塞与缓冲瓶及安全瓶均关闭，停止减压。观察数字压力计读数有无变化，以检查系统是否漏气。

2. 测定纯水的沸点。在数字压力计读数约为 −80kPa 条件下，打开回流冷凝管，接通 15V 电源加热。观察温度计读数，当温度停止上升并基本保持不变时，气-液两相达到平衡，记录此时的温度及数字压力计读数。小心开启进气活塞，缓慢通入空气，使数字压力计读数改变约 8kPa，关闭进气活塞。当系统温度再次稳定时，再次记录温度及数字压力计读数。依次测量 8～10 次数据。最后完全打开进气活塞使其与大气相通，所测温度为大气压力下水的沸点。

3. 实验完毕后，关闭冷却水，拔去所有电源插头。

五、注意事项

1. 实验前熟悉实验装置及三通活塞的使用。
2. 数字压力计进行"采零"操作时，系统必须与大气相通。
3. 抽真空时切勿加热。打开回流冷凝水后，方可加热。
4. 等温度稳定后，才能记录温度与压力读数。

六、数据记录与处理

1. 将实验数据填入表 4-4-1 中，并根据数字压力计读数计算不同温度下水的饱和蒸气压。

表 4-4-1 实验数据记录表

室温：________ 大气压 p_e：________

	1	2	3	4	5	6	7	8	9	10
温度 t/℃										
温度 T/K										
$(1/T)/K^{-1}$										
压力计读数 Δp/kPa										
饱和蒸气压 p/kPa										
$\ln(p/p^\ominus)$										

注：饱和蒸气压 $p=p_e+\Delta p$。

2. 以 $\ln(p/p^\ominus)$ -$1/T$ 作图可得一直线，根据直线斜率求算水的平均摩尔蒸发焓。
3. 由图 $\ln(p/p^\ominus)$ -$1/T$ 求出水的正常沸点，并与理论值相比较。

七、思考题

1. 为何不能在加热的情况下检查系统的气密性？
2. 正常沸点与沸腾温度有何区别？

实验五　凝固点降低法测摩尔质量

一、实验目的

1. 熟悉纯溶剂和溶液凝固点的测定实验技术。
2. 掌握凝固点降低法测定溶质摩尔质量的基本原理。
3. 用凝固点降低法测定萘的摩尔质量。

二、实验原理

在一定的大气压力下，当溶剂与溶质不形成固溶体时，固态纯溶剂与液态溶液平衡共存时的温度称为该溶液的凝固点。凝固点降低是稀溶液依数性的一种表现。对于稀溶液，当溶剂的种类和数量确定后，溶液的凝固点降低值 ΔT_f 与溶质的质量摩尔浓度 m_B 成正比，即：

$$\Delta T_f = T_f^* - T_f = k_f m_B \tag{5-5-1}$$

式中：T_f^* 为纯溶剂的凝固点；T_f 为溶液的凝固点；k_f 为凝固点降低常数，其数值只与溶剂的性质有关，单位为 $K \cdot kg \cdot mol^{-1}$，常用溶剂的 k_f 值有表可查。

由式(5-5-1)可知，若称取一定质量的溶剂 A 和溶质 B，配成稀溶液，测定其凝固点降低值 ΔT_f，则可由凝固点降低常数 k_f 计算溶质的质量摩尔浓度 m_B，并可由下式计算溶质的摩尔质量 M_B，即：

$$M_B = \frac{k_f}{\Delta T_f} \cdot \frac{m(B)}{m(A)} \tag{5-5-2}$$

式中：M_B 为溶质的摩尔质量，单位为 $kg \cdot mol^{-1}$；$m(B)$ 和 $m(A)$ 分别为溶质和溶剂的质量，单位为 kg。

在一定的大气压力下，纯溶剂的凝固点是其液相和固相平衡共存时的温度。将纯溶剂逐步冷却，绘制系统温度随时间的变化曲线，称为步冷曲线。在液体凝固前，根据相律可知，自由度 $f=1-1+1=1$，温度随时间会均匀下降；开始凝固时，纯溶剂固-液两相平衡共存，自由度 $f=1-2+1=0$，即开始凝固后因析出固体放出的凝固热基本上补偿了系统对环境的热散失，系统温度保持不变，步冷曲线出现水平线段；直到液相全部凝固后，自由度 $f=1-1+1=1$，温度又继续下降。理论上，纯溶剂和溶液的步冷曲线应如图 5-5-1 中 1 所示。但在实际冷却过程中，因为析出固体是一个从无到有的新相生成过程，往往容易发生过冷现象，即当系统温度降到一定外压下该纯液体的凝固点时，系统并无固体析出，继续冷却到系统温度降低到其凝固点以下的某一温度时，固体才会析出，称之为过冷液体。过冷液体若加以搅拌或加入晶种，促使晶核产生，则会马上析出大量固体，放出的凝固热使系统温度迅速回升，当析出固体放出的凝固热与系统对环境的热散失达到平衡时，系统温度保持不变，待液体全部凝固后，系统温度再逐渐下降，因此其实际步冷曲线通常如图 5-5-1 中 2 所示。

由相律可知，溶液的冷却曲线与纯溶剂形状不同，而且溶液的凝固点很难进行精确测量。在一定的大气压力下，当溶液固-液两相平衡共存时，自由度 $f=2-2+1=1$，温度仍可继续下降，步冷曲线不会出现水平线段。但此时因有凝固热放出，系统温度的下降速度变慢，步冷曲线的斜率会发生变化，步冷曲线的转折点所对应的温度可视为溶液的凝固点，如图 5-5-1 中 3 所示。但在实际过程中，稀溶液也往往会出现过冷现象，如果稍有过冷现象，如图 5-5-1 中 4 所示，则可将温度回升的最高值近似视为溶液的凝固点，对溶质摩尔质量的测量无显著影响；若过冷现象严重，如图 5-5-1 中 5 所示，则测得的溶液凝固点偏低，影响溶质摩尔质量的测定结果。因此在测定过程中必须设法控制适当的过冷程度，一般可通过控制冷浴的温度和搅拌速度等方法来实现。通常冷浴温度比待测的凝固点温度低约 3℃时实验数据较理想。

严格地说，当出现过冷现象时，均应根据所绘制的纯溶剂或溶液的步冷曲线，再按照图 5-5-2 所示的外推法确定凝固点。纯溶剂应以水平线段所对应的温度为准，而溶液则需要将凝固后固相的步冷曲线反向延长外推至与液相的步冷曲线相交，以两线交点的温度作为溶液的凝固点。

本实验根据纯溶剂或溶液的温度和冷却时间的测定数据，绘制温度-时间曲线即步冷曲线，并按照图 5-5-2 所示的外推法分别确定纯溶剂凝固点 T_f^* 和溶液的凝固点 T_f，由此计算凝固点降低值 ΔT_f，从而计算溶质的摩尔质量。

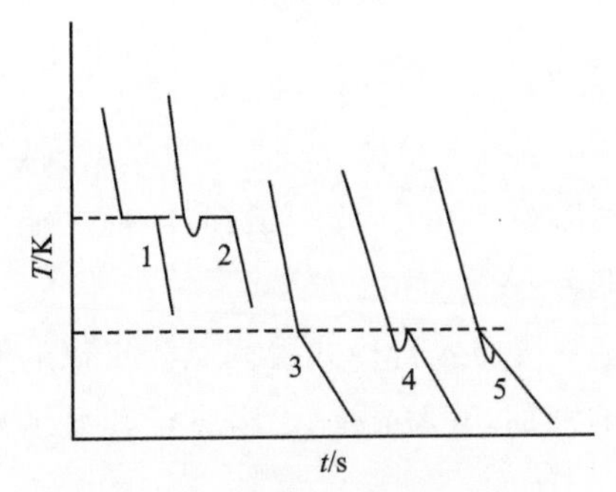

图 5-5-1　纯溶剂和溶液的冷却曲线

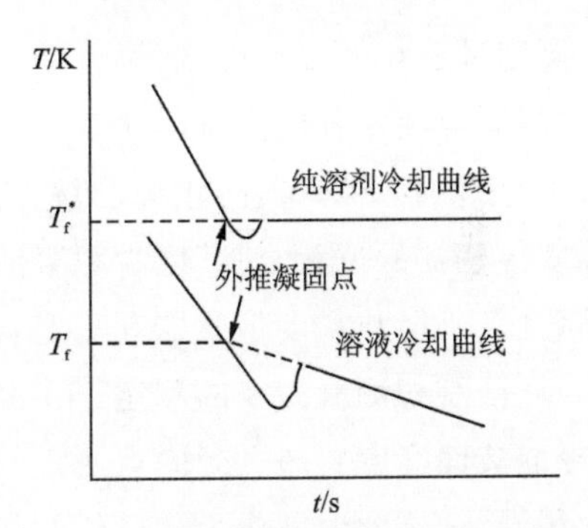

图 5-5-2　外推法求纯溶剂和溶液的凝固点

三、仪器与试剂

仪器：SWC-Lge 自冷式凝固点测定仪 1 套（包括测定系统和制冷系统）；烧杯（1000mL）1 个；普通温度计 1 支；移液管（25mL）1 支；洗耳球 1 个；万分之一电子天平 1 台；毛巾 1 条。

试剂：环己烷（A. R.）；萘（A. R.）。

四、实验步骤

1. 调节冷浴温度。将自冷式凝固点测定仪制冷系统的温度设定为 3℃左右。注意此系统的制冷液需循环至测定管外套中以冷却待测液体，此时冷浴温度会略有上升，实践表明制冷系统的温度设定比凝固点低约 3.5℃时效果较好。

2. 按图 5-5-3 所示安装好凝固点测定仪，温度传感器与搅拌杆需要有一定空隙，防止搅拌时发生摩擦。凝固点测定管、搅拌杆都必须洗净、干燥。

3. 打开自冷式凝固点测定仪测定系统的电源开关，温度显示为实时温度，温差显示 ΔT

为以 20℃为基准的温度差值(但在 9.5℃以下显示的是实际温度),本实验读温差 ΔT 显示的温度。

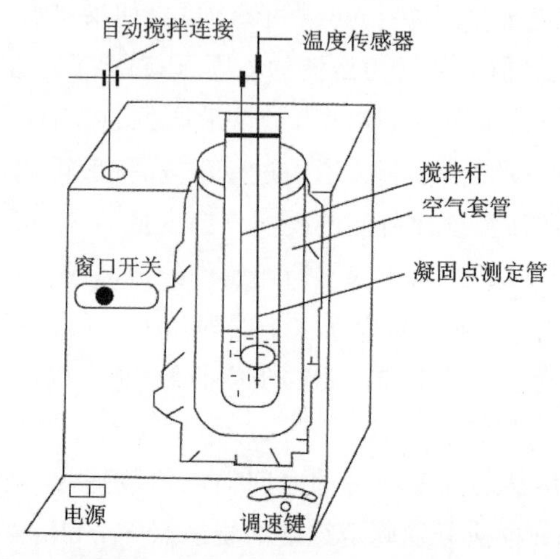

图 5-5-3　凝固点测定实验装置图

4. 测定环己烷的步冷曲线。

(1)凝固点测定管应先洗净干燥。用移液管移取 25.00mL 环己烷于洁净干燥的凝固点测定管中,用橡胶塞塞紧,防止环己烷挥发。将温度传感器洗净擦干,插入凝固点测定管中,调节温度传感器的位置,使其底端距凝固点测定管底部约 1.0cm,检查搅拌杆,使之能顺利上下搅动,且其不能与温度传感器和测定管壁接触摩擦。

(2)环己烷初测凝固点的测定。将凝固点测定管直接插入自冷式凝固点测定仪的制冷剂中,制冷剂液面高度要超过凝固点测定管中环己烷的液面,观察温差 ΔT,直至其显示温度变化非常缓慢,记录此温度作为环己烷的初测凝固点。

(3)测定冷却曲线。从制冷系统冷浴中取出凝固点测定管,用毛巾擦干外壁,用手温热至环己烷结晶完全熔化后,将其插入测定系统的套管中。连接搅拌器与搅拌杆,注意将温度传感器套于搅拌杆的金属环之中。如果温度显示过高,也可以先将测定管直接插入制冷系统的冷浴中,当温度下降至 10～8℃时,再将其插入测定系统的套管中进行测定。调节搅拌速率旋钮,设置为“慢”搅拌,当温度降低到接近 7.5℃时,按凝固点测定仪“▲”键进行定时,使时间显示为 30s,每半分钟读取记录一次“温差”数据。当温度比初测凝固点低约 0.2℃时,调节搅拌速率旋钮,设置为“快”搅拌,促使析出大量固体,待温度开始上升时,恢复为“慢”搅拌。当温度回升至最高值后,再继续读数约 10 次。

实验完成后,取出凝固点测定管,用手温热凝固点测定管使环己烷的结晶完全熔化,重复测量 1 次。

5. 测定溶液的冷却曲线。

(1)将自冷式凝固点测定仪制冷系统的温度设定为 3.0℃左右。用万分之一电子天平精确称取萘 0.100 0～0.120 0g,并记录其准确质量 m(B)。将萘小心加入到装有环己烷的凝固点测定管中,注意不要让萘附着在管壁,并使其在室温下完全溶解。萘在溶解过程中,不得取出温度传感器，溶液的温度不得超过 9.5℃，以免超出温差测定仪的温差量程。

(2)待萘完全溶解后，参照测定环己烷初测凝固点的方法测定溶液的初测凝固点。

(3)测定冷却曲线。从制冷系统冷浴中取出凝固点测定管，用毛巾擦干外壁，用手温热至环己烷结晶完全熔化后，将其插入测定系统的套管中。连接搅拌器与搅拌杆，注意将温度传感器套于搅拌杆的金属环之中。如果温度显示过高，也可以先将测定管直接插入制冷系统的冷浴中，当温度下降至 10～8℃时，再将其插入测定系统的套管中进行测定。调节搅拌速率旋钮，设置为“慢”搅拌，当温度降低到接近 7.5℃时，按凝固点测定仪“▲”键进行定时，使时间显示为 30s，每半分钟读取记录一次“温差”数据。当温度比初测凝固点(5.5～5.7℃)低约0.2℃时，调节搅拌速率旋钮，设置为“快”搅拌。待温度开始上升时，恢复为“慢”搅拌。当温度回升至最高值后，再继续读数约 20 次。实验完成后，取出凝固点测定管，用手温热凝固点测定管使环己烷的结晶完全熔化，重复测量 1 次。

6. 实验结束，将凝固点测定管中的溶液倒入回收瓶中，将温度传感器用蒸馏水冲洗干净并用吹风机吹干，洗净并烘干凝固点测定管。

五、注意事项

1. 实验所用的凝固点测定管必须洁净、干燥。温度传感器用蒸馏水冲洗干净并吹干后再插入凝固点测定管，不使用时注意妥善保护温度传感器。

2. 冷浴温度对实验结果有很大影响，温度过高会导致冷却太慢甚至难以测定凝固点，温度过低则过冷现象明显导致凝固点偏差过大。

3. 结晶必须完全熔化后才能进行下一次的测量。

4. 实验过程中注意随时擦干显示窗玻璃上的水珠，以防仪器电子元件受潮而被损坏。

5. 搅拌速度的控制是做好本实验的关键，因此每次测定应按所要求的速度搅拌，并且测量纯溶剂与溶液的凝固点时搅拌条件必须完全一致。

六、数据记录与处理

1. 根据公式 $\rho/(\mathrm{g\cdot cm^{-3}})=0.7971-0.8879\times10^{-3}t/℃$，计算实验温度 t℃时环己烷的密度，并结合所取环己烷的体积计算环己烷的质量 $m(\mathrm{A})$。

2. 根据记录的时间与温度数据，绘制纯溶剂的步冷曲线和溶液的步冷曲线，并用外推法求出纯溶剂的凝固点和溶液的凝固点。

3. 计算萘的摩尔质量，并根据其理论值，计算实验相对误差。已知萘的理论摩尔质量 M_{B} 为 $128.17\mathrm{g\cdot mol^{-1}}$，环己烷的凝固点降低常数 $k_{\mathrm{f}}=20.2\mathrm{K\cdot kg\cdot mol^{-1}}$。

七、思考题

1. 什么是溶液的凝固点？在测定萘的环己烷溶液凝固点时，析出的固体为何种物质？

2. 为什么实验中要严格控制冷浴的温度？温度太高或太低对实验结果有什么影响？

3. 如溶质在溶液中会离解、缔合或生成配合物，对溶质的摩尔质量测定值有何影响？

4. 根据什么原则考虑加入溶质的量？加入溶质太多或太少影响如何？

5. 为什么会有过冷现象产生？如何防止过冷现象发生？

实验六　双液系气-液平衡相图

一、实验目的

1. 掌握回流冷凝法测定并绘制环己烷-乙醇双液系气-液平衡相图（温度-组成图）的方法。

2. 确定环己烷-乙醇双液系的最低恒沸点温度和恒沸混合物组成。

3. 掌握阿贝折射仪的正确使用方法。

二、实验原理

完全互溶双液系是指两个纯液体组分可按任意的比例互相混溶成均匀的一个液相。在一定的大气压力下，当完全互溶双液系的蒸气压等于外压时，溶液开始沸腾，此时的温度称为完全互溶双液系的沸点。对于完全互溶的双液系，其沸点不仅与外压有关，而且与其组成也有关。在一定外压下，将组成不同的完全互溶双液系在沸点仪中进行加热蒸馏，当系统达到气-液两相平衡时，系统有恒定的平衡温度（即沸点）。绘制沸点与平衡时气-液两相组成关系曲线，称为沸点-组成相图，即 T-x 或 T-w 相图，其一般可以分为 3 类：沸点介于两纯组分沸点之间的理想系统、有最高恒沸点的系统、有最低恒沸点的系统。

图 4-6-1 表示有最低恒沸点的完全互溶双液系温度-组成图。图中上面曲线表示气相线，下面曲线表示液相线，气相线以上的区域为气相区，液相线以下的区域为液相区，气相线和液相线所包围的两个梭形区为气-液两相平衡区。由相律可知，对二组分系统，当压力恒定时，在气-液两相平衡区，自由度 $f=2-2+1=1$，即温度一定，气-液两相组成也就确定了。因此，图 4-6-1 中等温的水平线段与气相线和液相线的交点表示该温度下互为平衡的两相组成。

用回流冷凝法测定完全互溶双液系温度-组成图的具体实验操作为：在一定的大气压力下，对总组成为 X 的溶液加热，当气-液两相达到平衡时，沸点温度恒定，此时液相组成为 x，气相组成为 y（近似为气相冷凝液的组成）；改变系统的总组成为 X'，可得到另一沸点温度下的另一对平衡液相组成 x' 和气相组成 y'；测定若干组不同沸点温度下的平衡气-液两相组成数据，并将气相组成连成气相线，液相组成连成液相线，即得 T-x 图或 T-w 图。平衡时气-液两相的组成，可通过绘制溶液的折射率与其组成的关系曲线而得到。

三、仪器与试剂

仪器：FDY 型双液系沸点仪 1 套（包括 WLS 数字恒流电源和 SWJ 精密数字温度计各 1 台）；阿贝折射仪 1 台；$2cm^3$、$5cm^3$、$20cm^3$ 移液管各 1 支；长短滴管若干；洗耳球 1 个；镜头纸若干。

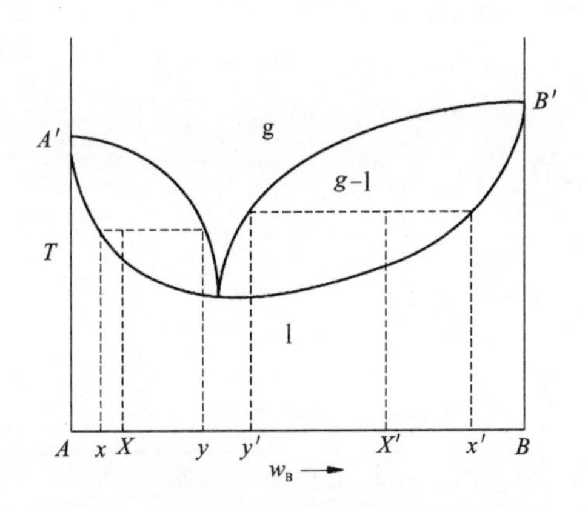

图 4-6-1　完全互溶双液系温度-组成图

试剂：环己烷（A. R.）；无水乙醇（A. R.）。

四、实验步骤

1. 绘制折射率-组成的标准工作曲线（实验室准备）。

2. 按图 4-6-2 组装好沸点仪，注意温度传感器切勿与电热丝接触。安装好后接通冷凝水。

3. 测定纯物质沸点。用移液管移取 $40cm^3$ 环己烷或乙醇，从侧管加入到沸点仪的蒸馏瓶中。接通 15V 恒流电源，加热液体至沸腾，待温度稳定后记录纯液体的沸点。

4. 测定气-液两相的折射率。关闭电源，用洁净干燥的滴管从蒸馏瓶的小槽中取出气相冷凝液，立即用阿贝折射仪测定其折射率。用另一洁净干燥的滴管由蒸馏瓶的侧管吸取少量蒸馏瓶中的残留液并测其折射率。

5. 测定溶液的沸点及气-液两相的折射率。由侧管向蒸馏瓶内加入一定体积的乙醇或环己烷（表 4-6-1），按步骤 3. 与 4. 测定溶液的沸点及气-液两相的折射率。

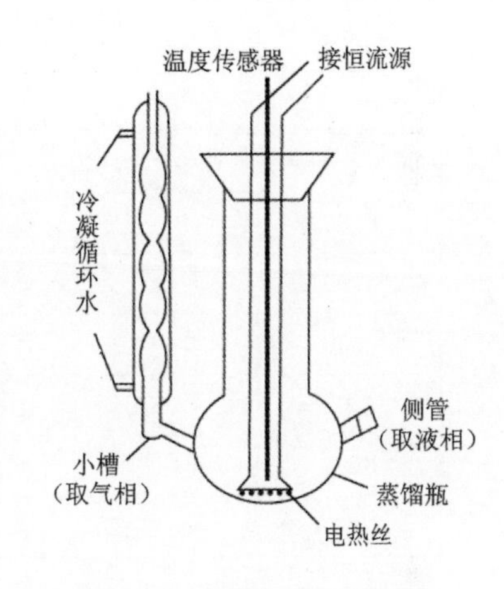

图 4-6-2　沸点仪示意图

6. 实验完毕后，根据所测折射率用内插法在标准工作曲线上查出被测试样的组成，并记录在表 4-6-1 中。

7. 实验完毕后，将蒸馏瓶中所剩溶液倒入用滴管吸入回收瓶中，并整理好实验台面。

五、注意事项

1. 接通电源加热前切记通冷凝水。

2. 采样滴管一定要洁净、干燥，测量折射率时一定要迅速。

3. 为保证实验安全，务必在停止加热状态下才能从沸点仪中取样分析和向沸点仪中加样实验。

4. 实验过程中如温度一直无法稳定，则可能为蒸馏瓶塞未塞紧。

5. 取液时先停止加热，取液后需迅速盖上蒸馏瓶侧管的塞子。

6. 测量下一组数据前，小槽中剩余的气相冷凝液需倾回蒸馏瓶中。

7. 本实验所有的玻璃仪器均不可水洗，自然风干即可。

六、数据记录与处理

1. 将实验数据记录于表 4-6-1 中。

表 4-6-1 实验数据记录表

每次的液体添加量		平衡温度	气相冷凝液分析		液相分析	
$V_{环己烷}/cm^3$	$V_{乙醇}/cm^3$	$t/℃$	折射率	$w_{环己烷}$	折射率	$w_{环己烷}$
40.00	0.00					
—	0.60					
—	0.60					
—	1.00					
—	4.00					
—	9.00					
$V_{环己烷}/cm^3$	$V_{乙醇}/cm^3$	$t/℃$	折射率	$w_{环己烷}$	折射率	$w_{环己烷}$
0.00	40.00					
1.00	—					
2.00	—					
4.00	—					
8.00	—					
24.00	—					

2. 以温度为纵坐标，以组成为横坐标，绘制温度-组成图，即得 T-w 图，并由 T-w 图确定环己烷-乙醇双液系最低恒沸点的温度和组成。

七、思考题

1. 蒸馏瓶中收集气相冷凝液的小槽过大或过小，对测量有何影响？

2. 实验中如果沸点仪的塞子未塞紧对实验有何影响？

3. 哪些因素是本实验误差的主要来源？

实验七　二组分金属相图

一、实验目的

掌握运用热分析法(或步冷曲线法)测定并绘制 Bi-Sn 二组分金属相图的原理与方法。

二、实验原理

固-液平衡系统，也称为凝聚系统，一般压力对凝聚系统相平衡的影响甚小，当压力变化不大时，则不必考虑压力对凝聚系统相平衡的影响，故可假定压力为定值，此时对于二组分凝聚系统相律可写成：$f=2-\Phi+1=3-\Phi$，只讨论系统的 T-x 图或 T-w 图。二组分固-液平衡系统的典型相图主要包括简单的低共熔二组分系统，形成化合物的系统，液、固相都完全互溶的系统以及固相部分互溶的系统。Bi-Sn 系统属于系统中有一低共熔点的固相部分互溶的二组分金属系统，本实验绘制的是含 Bi、质量分数为 30％～80％范围内的部分相图，与简单低共熔二组分系统相似。

步冷曲线法是绘制二组分金属相图的基本实验方法之一。具体的实验操作方法为：将纯金属或一定组成的二组分金属混合物加热使其完全熔化，再将其在一定的环境中进行缓慢而均匀地冷却，绘制冷却过程中系统的温度随时间变化的关系曲线，即步冷曲线(图 4-7-1)。

当系统缓慢而均匀地冷却时，如果系统内无相变发生，则系统的温度将随时间均匀下降(图 4-7-1 中 ab 线段)；当系统内有相变发生时，则因为相变过程的热效应使系统的温度随时间变化的速度发生改变，在步冷曲线上会出现转折点或者水平线段(图 4-7-1 中 b 点或 cd 线段)；当熔液完全消失后，温度将迅速下降(图 4-7-1 中 de 线段)。

将不同组成样品步冷曲线的转折点和水平线段所显示的温度对组成画图，即可得到二组分金属的相图(温度-组成图)，如图 4-7-2 所示。

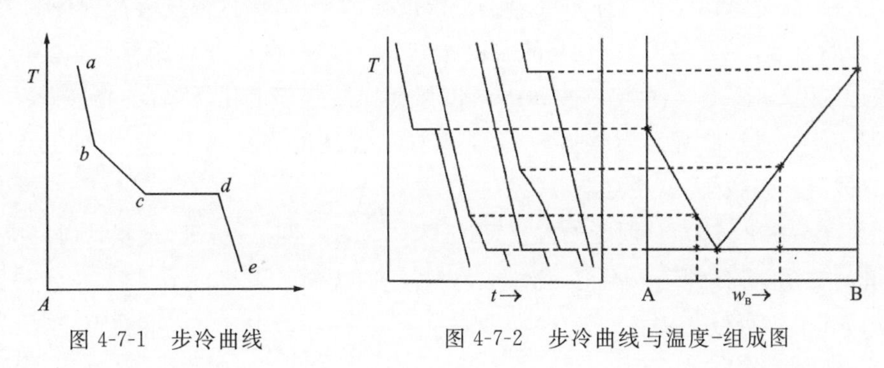

图 4-7-1　步冷曲线　　图 4-7-2　步冷曲线与温度-组成图

三、仪器与试剂

仪器：KWL-09 型可控升降温电炉 1 台；SWKY-I 数字控温仪 1 台；传感器 2 支；不锈钢样品管 1 支。

试剂:纯锡;纯铋;石墨粉等。

四、实验步骤

1.样品准备。分别配制含 Bi 且质量分数为 30%、40%、50%、58%(低共熔混合物的组成)、70%、80%的 Bi-Sn 二组分金属混合物各 100g,另外称取纯 Bi、纯 Sn 各 100g,分别装入 8 个不锈钢样品管中,样品上覆盖一层石蜡或石墨粉,防止金属被氧化(实验室准备)。

2.将装有试样的样品管插入电炉控温区内,温度传感器Ⅰ插入控温传感器插孔,温度传感器Ⅱ插入样品管中(图 4-7-3),两支温度传感器不得插反。

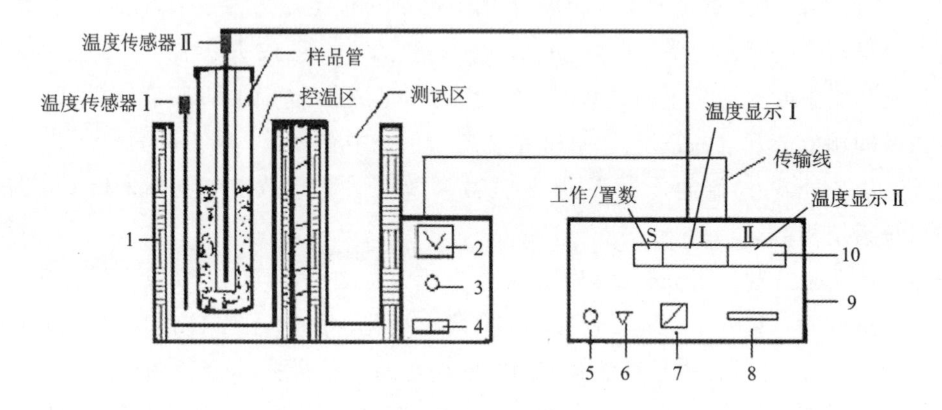

图 4-7-3　二组分金属相图测定实验装置示意图

1.可控升降温电炉;2.电压表;3.加热调节旋钮;4.开关;5.控温仪开关;
6.计时设置;7.工作/置数;8.温度设置;9.数字控温仪;10.温度显示屏

3.接通电源,数字控温仪开关置于"开",显示初始状态,"温度显示Ⅰ"显示 320℃(默认设定温度),"温度显示Ⅱ"显示温度传感器Ⅱ实时温度,"置数"指示灯亮。

4.按"工作/置数"键,工作指示灯亮,此时"温度显示Ⅰ"从设置温度转换为控制温度当前值,控温区开始升温。当"温度显示Ⅰ"的温度达到 320℃时,自动进入保温状态。当"温度显示Ⅱ"也接近 320℃时,继续保温 15~20min,以保证样品全部熔化,然后小心打开样品管,用温度传感器Ⅱ小心迅速将样品搅拌均匀后,盖上样品管且调节温度传感器Ⅱ使其保持垂直,按"工作/置数"键,置数灯亮,使之自然降温。

5.当"温度显示Ⅱ"降至计时起始温度(表 4-7-1)时,按计时设置键,设置计时间隔为 60s。根据指示音的提示,每分钟读取温度一次。观察步冷曲线的水平线段结束后,温度继续下降,再继续读数 5min 即可停止实验。

表 4-7-1　各组成样品的设定温度及计时起始温度

w_{Bi}	0	0.30	0.40	0.50	0.58	0.70	0.80	1
设定温度/℃	320	320	320	320	320	320	320	320
计时起始温度/℃	260	230	220	200	180	200	250	300

五、注意事项

1.“设定温度”和“实验最高温度”不同,“实验最高温度”是在仪器达到设定温度并停止加热后,电炉及样品能继续上升到的最高温度,“实验最高温度”不可控制。

2.为确保样品完全熔化,设定温度稍高一些为好,但不可过高,以防样品氧化。

3.由于炉温较高,搅拌时切记戴上防护手套。

4.熔化试样时要搅拌均匀,搅拌时注意样品管不能离开加热炉。

六、数据记录与处理

1.以温度为纵坐标,时间为横坐标,在坐标纸上绘制各组成样品的温度-时间步冷曲线。

2.以各组成样品步冷曲线的转折点、水平线段所对应的温度为纵坐标,相应的组成为横坐标,绘制 Bi-Sn 二组分金属相图,即温度-组成图。

七、思考与讨论

1.步冷曲线上为什么会出现转折点和水平线段?纯金属、低共熔混合物以及其他组成混合物的步冷曲线各有转折点和水平线段吗?此处的转折点不包括水平线段两端的“转折点”。

2.若已知二组分金属系统的多条不同组成的步冷曲线,但不知道低共熔混合物的组成,则该如何确定?

实验八 氨基甲酸铵分解反应平衡常数的测定

一、实验目的

1.测定多个温度下氨基甲酸铵的分解压力,计算分解反应的平衡常数及有关的热力学函数。

2.熟悉用等压计测定平衡压力的方法。

3.熟悉真空实验技术。

二、实验原理

氨基甲酸铵是合成尿素的中间产物,为白色固体,很不稳定,其分解反应式为:

$$NH_2COONH_4(s) \rightleftharpoons 2NH_3(g) + CO_2(g)$$

该反应为复相反应,在封闭系统中很容易达到平衡。在压力不大时,气体的逸度因子近似为1,且纯固态物质的活度为1,所以在常压下其标准平衡常数可近似表示为:

$$K_p^{\ominus} = \left(\frac{p_{NH_3}}{p^{\ominus}}\right)^2 \left(\frac{p_{CO_2}}{p^{\ominus}}\right) \tag{4-8-1}$$

式中：p_{NH_3}、p_{CO_2} 分别表示反应温度下 NH_3 和 CO_2 平衡时的分压，$p^\ominus$ 为标准压力。系统的总压 $p = p_{NH_3} + p_{CO_2}$，由化学反应计量方程式可知：

$$p_{NH_3} = \frac{2}{3}p, p_{CO_2} = \frac{1}{3}p \tag{4-8-2}$$

从而有

$$K_p^\ominus = \left(\frac{2p}{3p^\ominus}\right)^2 \left(\frac{p}{3p^\ominus}\right) = \frac{4}{27}\left(\frac{p}{p^\ominus}\right)^3 \tag{4-8-3}$$

因此，当系统达平衡后，测量其总压力 p，即可计算出平衡常数 $K_p^\ominus$。

温度对平衡常数的影响可用下式表示：

$$\frac{\mathrm{d}\ln K_p^\ominus}{\mathrm{d}T} = \frac{\Delta_r H_m^\ominus}{RT^2} \tag{4-8-4}$$

式中：T 为热力学温度；$\Delta_r H_m^\ominus$ 为标准摩尔反应焓变。当温度变化范围不大时，$\Delta_r H_m^\ominus$ 可视为常数，则由式(4-8-4)积分得：

$$\ln K_p^\ominus = -\frac{\Delta_r H_m^\ominus}{RT} + C' \tag{4-8-5}$$

若以 $\ln K_p^\ominus$ 对 $1/T$ 作图，得一直线，由直线斜率可求得 $\Delta_r H_m^\ominus$。由实验测得某温度下的平衡常数 $K_p^\ominus$ 后，可按下式计算该温度下该反应的标准摩尔 Gibbs 自由能变化值 $\Delta_r G_m^\ominus$：

$$\Delta_r G_m^\ominus = -RT\ln K_p^\ominus \tag{4-8-6}$$

利用实验温度范围内反应的标准摩尔反应焓变 $\Delta_r H_m^\ominus$ 和某温度下的标准 Gibbs 自由能变化值 $\Delta_r G_m^\ominus$，可近似计算出该温度下的标准摩尔反应熵变 $\Delta_r S_m^\ominus$：

$$\Delta_r S_m^\ominus = \frac{\Delta_r H_m^\ominus - \Delta_r G_m^\ominus}{T} \tag{4-8-7}$$

因此，通过测定一定温度范围内某温度下氨基甲酸铵的分解压(平衡总压)，即可利用上述公式分别求出 $K_p^\ominus(T)$、$\Delta_r H_m^\ominus$、$\Delta_r G_m^\ominus(T)$、$\Delta_r S_m^\ominus(T)$。

三、仪器与试剂

仪器：实验装置1套；真空泵；DP-AW 精密数字压力计1台。

试剂：新制备的氨基甲酸铵；硅油或邻苯二甲酸二壬酯。

四、实验步骤

1. 检漏。将干燥的装样小球和玻璃等压计等按图 4-8-1 所示安装相连，关闭平衡阀Ⅱ，开启平衡阀Ⅰ，打开抽气阀，开动真空泵，当测压仪读数约为 53kPa，关闭抽气阀。待 10min 后，若测压仪读数没有变化，则表示系统不漏气，否则说明漏气，应仔细检查各接口处，直到不漏气为止。

2. 装样品。打开平衡阀Ⅱ使系统与大气相通，由加样口装入适量的氨基甲酸铵，再用吸管吸取纯净的硅油或邻苯二甲酸二壬酯放入等压计中，使之形成液封，再按图示装好。

3. 测量。关闭平衡阀Ⅱ，调节恒温槽温度为(25.0±0.1)℃。打开抽气阀，开启真空泵，将系统中的空气排出，约15min后，打开平衡阀Ⅱ，将空气慢慢分次放入系统，同时调节平衡阀Ⅰ，直至等压计两边液面等高时，立即关闭平衡阀Ⅱ，若5min内两液面保持不变，即可读取测压仪的读数。

4. 重复测量。为了检查小球内的空气是否已完全排净，可重复步骤3操作，如果两次测定结果差值均小于270Pa，经指导教师检查后，方可进行下一步实验。

5. 升温测量。调节恒温槽温度为(27.0±0.1)℃，在升温过程中小心地调节平衡阀Ⅱ和平衡阀Ⅰ，缓缓放入空气，使等压计两边液面等高，保持5min不变，即可读取测压仪读数，然后用同样的方法继续测定30.0℃、32.0℃、35.0℃、37.0℃时的压力差。

6. 复原。实验完毕，将空气放入系统中至测压仪读数为零，切断电源、水源。

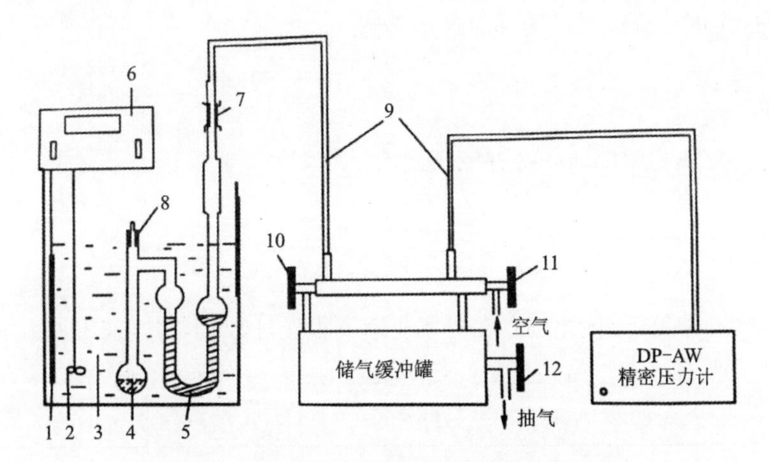

图 4-8-1 分解反应平衡常数的测定实验装置图

1. 温度计；2. 搅拌杆；3. 玻璃恒温水浴；4. 装样小球；5. 等压计；6. 控制仪；7. 磨口接头；8. 加样口；9. 真空管；10. 平衡阀Ⅰ；11. 平衡阀Ⅱ；12. 抽气阀

五、注意事项

1. 必须充分排除净小球内的空气。

2. 必须在系统达平衡后，才能读取测压仪读数。

六、数据记录与处理

1. 计算各温度下氨基甲酸铵的分解压。

2. 计算各温度下氨基甲酸铵分解反应的平衡常数 $K_p^\ominus$。

3. 根据实验数据，以 $\ln K_p^\ominus$ 对 $1/T$ 作图，并由直线斜率计算氨基甲酸铵分解反应的 $\Delta_r H_m^\ominus$。

4. 计算25℃时氨基甲酸铵分解反应的 $\Delta_r G_m^\ominus$ 及 $\Delta_r S_m^\ominus$。

七、思考题

1. 测压仪读数是否是系统的压力，是否代表分解压？

2. 为什么一定要排净小球中的空气？若体系内有少量空气会对实验有何影响？

3. 如何判断氨基甲酸铵分解已达平衡？

4. 玻璃等压计中的封闭液如何选择？

实验九　一级反应——过氧化氢的催化分解

一、实验目的

1. 强化一级反应的动力学特征。

2. 了解反应物浓度、催化剂、温度等因素对反应速率的影响规律。

3. 测定 H_2O_2催化分解反应的反应速率常数。

二、实验原理

反应速率与反应物浓度的一次方成正比的反应称为一级反应。已知 H_2O_2分解反应的化学反应方程式为：

$$H_2O_2(aq) \rightarrow H_2O(l) + \frac{1}{2}O_2(g) \tag{4-9-1}$$

该分解反应在常温、无催化剂存在时反应速率很慢，因此本实验采用加入催化剂 KI 来加快其反应速率。在 KI 催化下，该反应的反应机理为：

$$H_2O_2 + KI \rightarrow KIO + H_2O(\text{慢}) \tag{4-9-2}$$

$$KIO \rightarrow KI + \frac{1}{2}O_2(\text{快}) \tag{4-9-3}$$

由于反应式(4-9-2)的反应速率较反应式(4-9-3)慢得多，由速控步近似法可知，总反应速率近似等于反应式(4-9-2)的反应速率。因此其反应速率方程的微分式可表示为：

$$-\frac{dc_{H_2O_2}}{dt} = kc_{KI} \cdot c_{H_2O_2} \tag{4-9-4}$$

KI 为催化剂，在反应过程中其浓度基本保持不变，因而上式可简化为：

$$-\frac{dc_{H_2O_2}}{dt} = k_1 c_{H_2O_2} \tag{4-9-5}$$

通过上式积分可得：

$$\ln\frac{c_t}{c_0} = -k_1 \cdot t \tag{4-9-6}$$

式中：c_0为 H_2O_2的起始浓度；c_t为 t 时刻 H_2O_2的浓度；k 为反应速率常数；$k_1 = kc_{KI}$ 为表观反应速率常数。

由式(4-9-1)可知，当温度、压力一定时，已分解的 H_2O_2物质的量与生成氧气的体积成正比。因此 t 时刻 H_2O_2的浓度 c_t可通过测量对应时间内分解反应产生的氧气体积进行求算。令 V_∞为 H_2O_2全部分解产生的氧气体积；V_t为 H_2O_2在 t 时刻分解累计产生的氧气体积，则

$c_0 \infty V_\infty$，$c_t \infty (V_\infty - V_t)$，将其代入式(4-9-6)即得：

$$\ln \frac{c_t}{c_0} = \ln \frac{V_\infty - V_t}{V_\infty} = -k_1 \cdot t \text{ 或 } \ln(V_\infty - V_t) = -k_1 \cdot t + \ln V_\infty \tag{4-9-7}$$

若以 $\ln(V_\infty - V_t)$-t 作图得一直线，即可验证该反应是一级反应，由直线的斜率可求出表观反应速率常数 k_1，并由公式 $k_1 = kc_{KI}$ 可求出反应速率常数 k。

本实验 V_∞可采用以下两种方法进行求算。

(1)外推法：以 V_t为纵坐标、$1/t$ 为横坐标作图，将直线外推至 $1/t=0$，其截距即为 V_∞。

(2)用 $KMnO_4$溶液滴定 H_2O_2溶液的初始浓度，从而计算 V_∞，反应方程式如下：

$$5H_2O_2 + 2MnO_4^- + 6H^+ = 2Mn^{2+} + 5O_2 + 8H_2O \tag{4-9-8}$$

V_∞计算公式为：

$$V_\infty = \frac{1}{4} \times \frac{c\left(\frac{1}{2}H_2O_2\right) \cdot V_{H_2O_2} \cdot RT}{p - p_{H_2O}} \tag{4-9-9}$$

式中：T 为实验温度；p_{H_2O} 为实验温度下水的饱和蒸气压；p 为实验时的大气压。

三、仪器与试剂

仪器：DF-101 型集热式恒温加热磁力搅拌器 1 台；10cm^3移液管 2 支；50cm^3移液管 1 支；10cm^3量筒 1 个；250cm^3锥形瓶 2 个；50cm^3滴定管 1 支；过氧化氢分解瓶 2 个；100cm^3烧杯 3 个；秒表 1 块。

试剂：2% H_2O_2溶液；0.2mol · dm^{-3} (1/5$KMnO_4$)标准液；3mol · dm^{-3} H_2SO_4溶液；0.1mol · dm^{-3} KI 溶液。

四、实验步骤

1. 熟悉实验装置，如图 4-9-1 所示。集热式恒温加热磁力搅拌器温度恒定为 298.2K。

2. 移取溶液。用移液管向洁净干燥的过氧化氢分解瓶中加入 30.00cm^3 H_2O、10.00cm^3 0.1mol · dm^{-3} KI 溶液，小心放入磁搅拌子，再将半乒乓球慢慢放入分解瓶中使之浮在液面上。用移液管向半乒乓球中小心地加入10.00cm^3 2%的 H_2O_2溶液(此时 H_2O_2溶液绝不能与分解瓶中的 KI 溶液混合)，塞紧瓶塞。

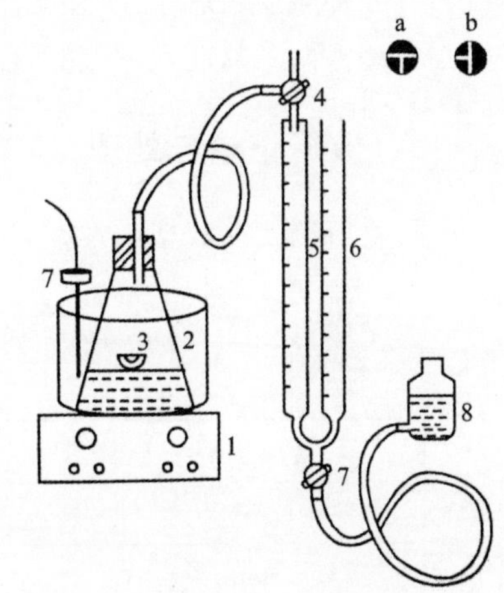

图 4-9-1　过氧化氢分解实验装置图

1. 集热式恒温加热磁力搅拌器；2. 过氧化氢分解瓶；3. 半乒乓球；4. 三通活塞；5、6. 量气管；7. 测温探头；8. 水准瓶

3. 检查系统的气密性。将三通活塞旋至图 4-9-1 中 b 所示位置使系统通大气，移动水准瓶 8 使其高出固定支架任意高度，然后将三通活塞 4 旋至 a 位置，并将水准瓶放回固定支架上，若 5、6 两量气管能较长时间维持一定高度的液面差，则系统气密性良好；若 5、6 两量气管液面高度差无法稳定，则需要重新塞紧瓶塞，并重新检查系统的气密性。

4.零点调节。将三通活塞4重新旋至b位置,调节水准瓶8的高度,使水准瓶8和两量气管5、6的液面均对准量气管的0刻度,保持不变,再将三通活塞4旋至a位置。

5.开动磁力搅拌器,使乒乓球内的H_2O_2与KI溶液充分混合,同时迅速按下秒表开始记时。在反应过程中,须慢慢向下移动水准瓶8,并每隔一分钟记录一次量气管读数,读数时须保证水准瓶8及量气管5、6三液面平齐(不读数时,为使排气通畅,可使6号量气管液面略低于5号量气管),直至量气管液面降至40cm^3以下方可停止读数。

6.保持298.2K温度不变,取20.00cm^3 H_2O、10.00cm^3 KI溶液、10.00cm^3 2% H_2O_2溶液,重复步骤2.~5.。

7.测定H_2O_2溶液的初始浓度。用移液管移取5.00cm^3 2% H_2O_2溶液至250cm^3锥形瓶中,再用10cm^3量筒加入10cm^3的3mol·dm^{-3} H_2SO_4,用$KMnO_4$标准溶液滴定,溶液由无色变至微红色为滴定终点,记下消耗的$KMnO_4$体积。

8.实验完毕,洗净并烘干分解瓶和烧杯,将酸式滴定管里过剩的溶液倒入回收瓶,并清洗滴定管,然后倒固定在滴定管架子上。关闭恒温磁力搅拌器的搅拌旋钮,关上其电源开关,并拔掉插头。最后整理好实验台。

五、注意事项

1.计时开始前H_2O_2溶液绝不能与分解瓶中的KI溶液混合。

2.读氧气体积时一定要保证水准瓶和两量气管三液面平齐。

3.每次反应后,分解瓶需烘干,磁搅拌子和半乒乓球需用滤纸擦干。

4.分解瓶烘干后,需冷却至室温才能加入反应液进行下一次反应。

5.缓慢向下移动水准瓶时,要使量气管6的液面略低于量气管5的液面。

六、数据记录与处理

1.将所测实验数据记录在表4-9-1中。

表4-9-1 实验数据记录表

室温:______ 实验温度:______ 大气压:______

t/min	1	2	3	4	5	…
V/cm^3						…
$(1/t)/min^{-1}$						…
V_t/cm^3						…
$(V_\infty - V_t)/cm^3$						…
$\ln(V_\infty - V_t)$						…

2.确定V_∞。

(1)根据$KMnO_4$的滴定结果计算V_∞。

(2)作 V_t-$1/t$ 图,外推至 $1/t=0$ 处,可求得 V_∞,并将此结果与计算值相比较。

3.计算反应速率常数 k。

以 $\ln(V_\infty - V_t)$-t 作图得一直线,由直线斜率计算表观反应速率常数 k_1。由公式 $k_1 = kc_{\text{KI}}$ 求算反应速率常数 k。

七、思考题

1.改变 H_2O_2 的起始浓度,其他实验条件保持不变,反应速率常数 k 是否改变?为什么?

2.可通过哪些方法求算 V_∞?是否可以消去 V_∞?

3.指出反应速率常数 k 的有效数字及本实验的主要误差。

4.在读取氧气体积时,量气管与水准瓶三液面处于同一水平面的作用是什么?

实验十　蔗糖水解反应速率常数的测定

一、实验目的

1.掌握旋光仪的正确使用方法。

2.根据物质的光学性质测定蔗糖水解反应的反应速率常数。

二、实验原理

蔗糖在酸性水溶液中催化水解反应方程式为:

$$\underset{\text{蔗糖}}{C_{12}H_{22}O_{11}} + H_2O \xrightarrow{H^+} \underset{\text{葡萄糖}}{C_6H_{12}O_6} + \underset{\text{果糖}}{C_6H_{12}O_6}$$

在蔗糖稀水溶液中,水大量过剩,可近似认为在反应过程中水的浓度基本不变,H^+ 为催化剂,其浓度也保持不变。因此,此条件下该反应可视为准一级反应,反应速率方程式为:

$$-\frac{\mathrm{d}c}{\mathrm{d}t} = kc \tag{4-10-1}$$

式中:c 为 t 时刻蔗糖的浓度;k 为反应速率常数。

将式(4-10-1)积分可得:

$$\ln c = \ln c_0 - kt \tag{4-10-2}$$

式中:c_0 为蔗糖的起始浓度;c 为 t 时刻蔗糖的浓度;k 为反应速率常数。

从式(4-10-2)可以看出,测定不同反应时间蔗糖的浓度,并以 $\ln c$ 对 t 作图,可得一直线,由直线的斜率即可求得反应速率常数 k。

该反应物蔗糖及其水解生成物均为旋光物质,因此可利用反应系统在反应进程中旋光度的变化来度量反应的进程。物质的旋光能力一般可用比旋光度 $[\alpha_D^{20}]$ 来度量。反应物蔗糖是右旋性物质,比旋光度 $[\alpha_D^{20}] = 66.6°$;生成物葡萄糖也是右旋性物质,比旋光度 $[\alpha_D^{20}] =$

52.5°；而生成物果糖是左旋性物质，比旋光度 $[\alpha_D^{20}] = -91.9°$。

由于生成物中果糖的左旋性比葡萄糖的右旋性大，所以生成物呈现左旋性质。因此随着水解反应的进行，右旋性不断减小，当反应进行到某一时刻时，系统的旋光度可恰好为零，然后系统的旋光度经过零变成左旋，直至蔗糖完全水解，这时左旋度达到最大值。

溶液的旋光度与溶液中所含物质的旋光能力、溶液性质、溶液浓度、样品管长度及温度等因素均有关。当其他条件不变时，系统的旋光度与被测溶液的浓度呈线性关系，即：

$$\alpha_0 = K_{反} c_0 \ (t=0，蔗糖尚未水解) \tag{4-10-3}$$

$$\alpha_\infty = K_{生} c_0 \ (t=\infty，蔗糖完全水解) \tag{4-10-4}$$

$$\alpha_t = K_{反} c + K_{生}(c_0 - c) \ (t\ 时刻) \tag{4-10-5}$$

式中：c_0 为蔗糖的起始浓度；c 为 t 时刻蔗糖的浓度；α_0 为反应前系统的旋光度；α_∞ 为反应完全进行时系统的旋光度（假定的状态）；α_t 为 t 时刻系统的旋光度。

将式(4-10-3)、式(4-10-4)和式(4-10-5)代入式(4-10-2)可得：

$$\ln(\alpha_t - \alpha_\infty) = \ln(\alpha_0 - \alpha_\infty) - kt \tag{4-10-6}$$

以 $\ln(\alpha_t - \alpha_\infty)$ 对 t 作图，可得一直线，由直线的斜率即可求得反应速率常数 k。

三、仪器与试剂

仪器：WZZ-2B 自动旋光仪（带旋光管）1 台；恒温水浴 1 套；锥形瓶 2 个（100cm^3）；移液管（25cm^3）2 支；容量瓶 1 个（50cm^3）；烧杯 1 个（50cm^3）；粗天平 1 台；秒表 1 个。

试剂：蔗糖（A. R.）；3mol · dm^{-3} HCl 溶液。

四、实验步骤

1. 旋光仪预热。打开旋光仪电源开关对其进行预热 10min 以上。

2. 溶液配制。在粗天平上称取 10g 蔗糖于烧杯中，加蒸馏水溶解，转移至 50cm^3 容量瓶中定容。用移液管移取 25cm^3 蔗糖溶液和 25cm^3 浓度为 2mol · dm^{-3} 的 HCl 溶液分别注入两个洁净干燥的锥形瓶中。

3. 旋光仪零点的校正。洗净旋光管各部分零件，将旋光管一端的螺帽旋紧，从另一端向管内注入蒸馏水，取玻璃盖片沿管口轻轻推入盖好，再旋紧螺帽，勿使漏水或产生气泡（如有气泡，需将其赶入凸颈处），用镜头纸擦干旋光管两端玻璃片，放入旋光仪的样品室内中，盖上箱盖，按测量键（键盘最右下角弯箭头），待旋光仪仪器数显窗示数稳定后，按清零按钮，使旋光仪仪器数显窗 α 显示为 00.000。

4. 蔗糖水解过程中 α_t 的测定。将 HCl 溶液快速加到蔗糖溶液的锥形瓶中混合，并在 HCl 溶液加入一半时开动秒表计时，快速摇动锥形瓶使溶液混合均匀，迅速取少量混合液清洗旋光管 2 次，然后以此混合液注满旋光管（锥形瓶中剩余的溶液置于 50～60℃的恒温水浴中，供步骤 5. 使用），盖好玻璃片，旋紧套盖（检查是否漏液或有气泡），擦净旋光管两端玻璃片，按相同的位置和方向立刻置于旋光仪的样品室内，盖上箱盖，此时旋光仪仪器数显窗将显示该样品的旋光度，待读数稳定后，读取并记录旋光度值，即为 α_t。需要特别说明的是，每次读取并

记录样品的旋光度 α_t 值后，需要马上从旋光仪中取出旋光管使其在室温下进行反应，每隔5min后，再立刻将旋光管置于旋光仪的样品管中，盖上箱盖，待仪器数显窗显示的旋光度读数稳定后，再次读取并记录 α_t 值，如此重复操作。

5. α_∞ 的测定。将步骤4. 中HCl和蔗糖的剩余混合液置于50～60℃的水浴中1h，以加速水解反应，然后冷却至实验温度，测其旋光度，此值即可认为是 α_∞。测 α_∞ 之前需用蒸馏水洗净旋光管。

6. 实验完毕，关闭旋光仪的电源开关，拔掉电源插头，并用蒸馏水洗净旋光管，以免盐酸腐蚀旋光管。

五、注意事项

1. 旋光管中应灌满液体，如有气泡，测量前需调节气泡至旋光管凸颈部分。

2. 旋紧套盖时，不能用力过猛，以免压碎玻璃片。

六、数据记录与处理

1. 将实验数据列入表4-10-1中。

表4-10-1　实验数据记录表

实验温度：__________　　大气压：__________　　α_∞：__________

t/min	α_t	$\alpha_t-\alpha_\infty$	$\ln(\alpha_t-\alpha_\infty)$
5			
10			
15			
…			

2. 以 $\ln(\alpha_t-\alpha_\infty)$ 对 t 作图，由所得直线斜率求算反应速率常数 k。

七、思考题

1. 为什么蔗糖溶液可以粗略配制？

2. 此实验蔗糖催化水解的反应速率常数 k 和哪些因素有关？

3. 在混合蔗糖溶液和盐酸溶液时，要将盐酸加到蔗糖溶液里去，可否将蔗糖溶液加到盐酸溶液中去？为什么？

实验十一　电导法测定乙酸乙酯皂化反应的速率常数

一、实验目的

1. 了解二级反应的动力学特征，学会用图解法求算二级反应的反应速率常数。

2.掌握用电导法测定乙酸乙酯皂化反应速率常数的方法。

3.掌握测定反应活化能的实验方法。

4.熟悉电导率仪的使用。

二、实验原理

乙酸乙酯皂化反应是典型的二级反应,其反应方程式为:

	$CH_3COOC_2H_5$ +	NaOH →	CH_3COONa +	C_2H_5OH
$t=0$	c	c	0	0
$t=t$ 时	$c-x$	$c-x$	x	x
$t\to\infty$时	→0	→0	$x\to c$	$x\to c$

当反应物起始浓度 c 相同时,该二级反应的反应速率方程微分式可表示为:

$$\frac{dx}{dt}=k(c-x)(c-x) \tag{4-11-1}$$

式中:k 为反应速率常数。将式(4-11-1)积分可得:

$$kt=\frac{x}{c(c-x)} \tag{4-11-2}$$

此式中起始浓度 c 是已知的,因此若测得反应进行到 t 时刻的 x 值,即可求得反应速率常数 k。

本实验测定物质的浓度采用物理方法,即根据在反应过程中,溶液的电导率 κ 与物质浓度之间的线性关系,采用电导法测定溶液的电导率 κ,从而间接地测定反应过程中物质的浓度。本实验用电导法测定浓度 x 的依据如下:

(1)此溶液的电导率主要是由强电解质 NaOH 和 CH_3COONa 贡献的,即是由溶液中参加导电的 OH^-、Na^+、CH_3COO^- 贡献(水电离的 H^+ 可以忽略)的。反应前后,Na^+ 浓度不变,OH^- 浓度不断减少,CH_3COO^- 浓度则不断增加,而在相同条件下,OH^- 比 CH_3COO^- 的摩尔电导率大很多,因此溶液的电导率随反应的进行呈现下降趋势。

(2)在稀溶液中,每种离子的电导率与其浓度成正比,而溶液的总电导率等于组成溶液的各离子的电导率之和。

对于乙酸乙酯的皂化反应来说,反应开始时,溶液中只有 Na^+ 和 OH^-,假定开始时电导率为 k_0,则:

$$\kappa_0=A_1c \qquad (t=0\ 时) \tag{4-11-3}$$

当反应完成时(为一种假想状态),溶液中只有 Na^+ 和 CH_3COO^-,此时电导率为 κ_∞,则:

$$\kappa_\infty=A_2c \qquad (t\to\infty 时) \tag{4-11-4}$$

t 时刻溶液总电导率 κ_t 与物质浓度的关系为:

$$\kappa_t=A_2x+A_1(c-x) \qquad (t\ 时刻) \tag{4-11-5}$$

式中:A_1、A_2 为与温度、溶剂、电解质等有关的常数。

将式(4-11-3)和式(4-11-4)代入式(4-11-5)可得:

$$x = \frac{\kappa_0 - \kappa_t}{\kappa_0 - \kappa_\infty} \cdot c \tag{4-11-6}$$

将式(4-11-6)代入式(4-11-2)可得：

$$kt = \frac{1}{c}\left(\frac{\kappa_0 - \kappa_t}{\kappa_t - \kappa_\infty}\right) \tag{4-11-7}$$

整理式(4-11-7)可得：

$$\kappa_t = \frac{1}{kc}\left(\frac{\kappa_0 - \kappa_t}{t}\right) + \kappa_\infty \tag{4-11-8}$$

以 κ_t 对 $\frac{\kappa_0 - \kappa_t}{t}$ 作图，可得一直线，即可验证该反应为二级反应，由该直线的斜率即可求得反应速率常数 k。

通常，反应速率常数 k 与反应温度 T 之间服从阿伦尼乌斯(Arrhenius)方程，其定积分式可写成：

$$\ln \frac{k_2}{k_1} = \frac{E_a}{R}\left(\frac{1}{T_1} - \frac{1}{T_2}\right) \tag{4-11-9}$$

由反应温度 T_1 和 T_2 时的反应速率常数 k_1 和 k_2，根据 Arrhenius 方程即可求算该反应的表观活化能 E_a，单位为 $J \cdot mol^{-1}$。

三、仪器和试剂

仪器：SYC-15C 超级恒温槽 1 套；双管皂化池 1 个；电导池 1 个；秒表 1 只；电导率仪 1 套；移液管($20.00cm^3$)3 支。

试剂：$0.020\ 0mol \cdot dm^{-3}$ 乙酸乙酯溶液；$0.020\ 0mol \cdot dm^{-3}$ NaOH 溶液；电导水(或重蒸馏水)。

四、操作步骤

1. 熟悉超级恒温槽和电导率仪的构造和使用方法。

2. 配制 $0.020\ 0mol \cdot dm^{-3}$ 的 $CH_3COOC_2H_5$ 溶液(由实验室准备)。乙酸乙酯溶液配制方法：先算出 $100cm^3$ $0.020\ 0mol \cdot dm^{-3}$ $CH_3COOC_2H_5$ 中溶质的质量，在 $100cm^3$ 的容量瓶中加入少量的电导水，准确称其质量，再用小滴瓶滴入 10 滴乙酸乙酯，摇匀后称其质量，计算出每一滴乙酸乙酯的质量，算出 $0.020\ 0mol \cdot dm^{-3}$ 乙酸乙酯所需加入乙酸乙酯的滴数，用控制滴数方法加入接近所需量的乙酸乙酯，摇匀后称其质量，最后几滴应特别小心，为避免因最后一滴的滴入而使加入的量超过其所需质量，可采用滴管口刚刚接触滴瓶中的液面而吸入液体的方法，此时吸入液体一般少于一滴，然后滴入容量瓶中，称量乙酸乙酯的质量与理论计算的质量相差不得超过 1mg。

3. 室温下 κ_0 的测定。用移液管移取 $20.00cm^3$ $0.020\ 0mol \cdot dm^{-3}$ 的 NaOH 和 $20.00cm^3$ 蒸馏水于干燥、洁净的电导池中，用滤纸小心吸干铂黑电极外表面上附着的水，并将铂黑电极插入待测溶液中(溶液液面应至少高出铂黑片 1cm)，室温下恒温 10～20min 测定其稳定的电导率读数 κ_0。$0.010\ 0mol \cdot dm^{-3}$ 的 NaOH 溶液备下一实验温度使用。

4. 室温下 κ_t 的测定。室温下，将干燥、洁净的双管皂化池（图 4-11-1）固定于铁架台的夹子上，用移液管移取 20.00cm^3 0.020 0$mol \cdot dm^{-3}$ 的 NaOH 溶液于 A 管中，20.00cm^3 0.020 0$mol \cdot dm^{-3}$ 的乙酸乙酯溶液于 B 管中，用滤纸小心吸干铂黑电极外表面上附着的水，将铂黑电极插入 A 管，带塞洗耳球塞在 B 管口，室温下恒温 10～20min 直至电导率值几乎稳定不变时，挤压洗耳球将 B 管的乙酸乙酯溶液迅速压入 A 管与 NaOH 溶液混合（此时 A 管不要塞太紧，切记不要用力过猛以免溶液溅出），当乙酸乙酯压入一半时用秒表立刻记时，反复压入几次使溶液混合均匀后，将 B 管的乙酸乙酯完全压入 A 管，并拔掉洗耳球。开始每分钟读一次电导率数据，10min 后每 2min 读一次电导率数据，连续记录 20 个电导率数据即可停止实验。

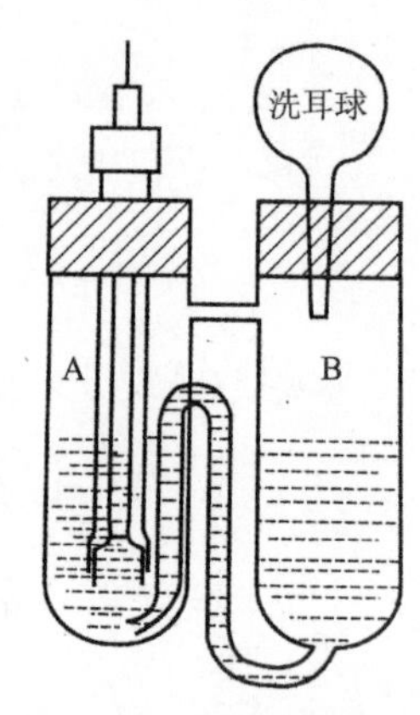

图 4-11-1　双管皂化池示意图

5. T_2 温度下 k_0 和 κ_t 的测定。在室温下测量 κ_t 等待的过程中，将超级恒温槽的温度调至 T_2（T_2＝室温＋10℃）。将双管皂化池洗净、烘干并冷却到室温，再将装有 NaOH 溶液的皂化池或者装有溶液的双管皂化池浸入超级恒温水槽中的水浴中，恒温 10～20min 直至电导率值几乎稳定不变，按步骤 2.、3. 分别测定 T_2 温度下的 κ_0 和 κ_t 值。

6. 实验结束后，将电导池、双管皂化池和烧杯均洗净烘干，并摆放整齐，关闭超级恒温槽和电导率仪的电源，同时整理好实验台。

五、注意事项

1. 挤压洗耳球将 B 管的乙酸乙酯溶液迅速压入 A 管与 NaOH 溶液混合时，A 管不要塞太紧，而且切记不要用力过猛以免溶液溅出。

2. 读取数据前一定要恒温，直至电导率的读数几乎稳定。

3. 用滤纸小心吸干铂黑电极外表面上附着的水时，千万不要碰到电极上的铂黑。实验完毕，将铂黑电极用蒸馏水洗净，并装入盛有蒸馏水的广口瓶中。

4. 双管皂化池洗净、烘干后，需冷却至室温后才能加入反应物进行下一次实验。

六、数据记录和处理

1. 记录数据于表 4-11-1 中。

表 4-11-1　实验数据记录表

室温：________　　大气压：________　　起始浓度 c：________

实验温度/℃＝	$\kappa_0/(S \cdot m^{-1})$＝								
实验温度/℃＝	$\kappa_0/(S \cdot m^{-1})$＝								
时间 t/min									…
$\kappa_t/(S \cdot m^{-1})$									…
$\left(\frac{\kappa_0-\kappa_t}{t}\right)/(S \cdot m^{-1} \cdot min^{-1})$									…

2. 作 κ_t-t 图，由 κ_t-t 图外推至 $t=0$ 处，得到 κ_0，将其与实验测得的 κ_0 进行比较，并简单讨论之。

3. 作 κ_t-$\frac{\kappa_0-\kappa_t}{t}$ 图，由直线的斜率求算对应温度下的反应速率常数 k 值。

4. 根据 Arrhenius 方程计算该反应的表观活化能 E_a。

七、思考题

1. 在实验过程中，为什么随着反应的进行，电导率是逐渐减小的?

2. 本实验中 NaOH 和乙酸乙酯均为稀溶液，如果 NaOH 和乙酸乙酯均为浓溶液，则能否依然用此电导法测定该反应的反应速率常数？为什么?

3. 为什么 0.020 0mol・dm^{-3} 的 NaOH 稀释一倍后的电导率就可认为是 κ_0？仿此方法怎样确定 κ_∞？

4. 本实验中为什么要求两种反应物起始浓度相等？若两种反应物起始浓度不相等，k 值又该如何计算?

实验十二 希托夫法测定离子迁移数

一、实验目的

1. 明确离子迁移数的概念。

2. 掌握希托夫法测定离子迁移数的基本原理并掌握其实验方法。

二、实验原理

电解质溶液的导电是依靠溶液中正、负离子的定向迁移来共同实现的。在外加电场的作用下，离子向某一电极的定向移动称为离子的电迁移。当通电于电解质溶液时，溶液中的负离子和正离子分别向阳极及阴极移动，并在相应的电极界面上发生氧化-还原反应，从而导致两极区溶液的浓度也发生了变化。每种离子的电迁移速率不同，其所迁移的电量也不同。某种离子迁移的电量与通过溶液的总电量之比称为该离子的迁移数，用符号 t 表示。若溶液中只有一种正离子和一种负离子，则有：

$$Q=Q_{+}+Q_{-} \tag{4-12-1}$$

$$t_{+}=\frac{Q_{+}}{Q},t_{-}=\frac{Q_{-}}{Q} \tag{4-12-2}$$

式中：t_+ 和 t_- 分别为正、负离子的迁移数；Q_+ 和 Q_- 分别为正、负离子所运载的电荷量；Q 为通过溶液总的电量。

希托夫法是测定离子迁移数最常用的方法之一，其根据通电前、后阳极区或阴极区电解质浓度的变化，求出正离子迁出阳极区或负离子迁出阴极区的物质的量，从而来计算离子的迁移数。

本实验采用希托夫法测定 $CuSO_4$ 溶液中 Cu^{2+} 和 SO_4^{2-} 的离子迁移数。实验时，将两个铜电极分别插入装有 $CuSO_4$ 溶液的希托夫三室迁移管中，溶液分为阳极区、中间区和阴极区。若以阳极区 Cu^{2+} 物质的量作为衡算标准，则有：

$$n_{后} = n_{前} - n_{迁} + n_{电} \tag{4-12-3}$$

式中：$n_{迁}$ 表示迁移 Cu^{2+} 物质的量；$n_{前}$ 表示通电前阳极区所含 Cu^{2+} 物质的量；$n_{后}$ 表示通电后阳极区所含 Cu^{2+} 物质的量；$n_{电}$ 表示通电时发生电极反应的 Cu^{2+} 物质的量。

若以阴极区 Cu^{2+} 物质的量作为衡算标准，则有：

$$n_{后} = n_{前} + n_{迁} - n_{电} \tag{4-12-4}$$

实验时，通过在测定装置中串联一个库仑计，测定通电前、后库仑计中阴极 Cu 电极的质量变化，可计算出通过溶液的总电量，再利用法拉第电解定律计算通电时在电极上发生电极反应的 Cu^{2+} 物质的量 $n_{电}$。根据测量通电前后阳极区或阴极区 Cu^{2+} 物质的量的变化以及发生电极反应的 $n_{电}$，即可求出通电时 Cu^{2+} 迁移的物质的量 $n_{迁}$，进而可求算 Cu^{2+} 的离子迁移数，即：

$$t_{+} = \frac{n_{迁} zF}{n_{电} zF} = \frac{n_{迁}}{n_{电}} \tag{4-12-5}$$

三、仪器与试剂

仪器：希托夫三室迁移管 1 套；库仑计 1 台；精密稳流电源 1 台；UV/V1 型紫外/可见分光光度计 1 台；万分之一分析天平 1 台；电吹风 1 把；烧杯 4 个。

试剂：$CuSO_4$ 溶液（$0.05mol \cdot dm^{-3}$）；镀铜液（$100cm^3$ 水中含 15g $CuSO_4 \cdot 5H_2O$，5mL 浓 H_2SO_4，$5cm^3$ 乙醇）；$CuSO_4$ 标准溶液（$0.03mol \cdot dm^{-3}$、$0.04mol \cdot dm^{-3}$、$0.05mol \cdot dm^{-3}$、$0.06mol \cdot dm^{-3}$、$0.07mol \cdot dm^{-3}$，用于绘制标准工作曲线）；稀 HNO_3（$1mol \cdot dm^{-3}$）；无水乙醇。

四、实验步骤

1. 用蒸馏水洗净希托夫三室迁移管，检查旋塞不漏液。用少量 $0.05mol \cdot dm^{-3}$ 的 $CuSO_4$ 待装溶液荡洗迁移管 2 次，再加入 $CuSO_4$ 溶液（装入溶液时迁移管中不得有气泡），将迁移管垂直安装在固定架上，并将已处理干净的正、负两电极浸入 $CuSO_4$ 溶液中（电极使用前需用砂纸打磨，并用少量 $CuSO_4$ 溶液淋洗）。快速打开迁移管中间区的活塞放出部分溶液，从而调节阴极区和阳极区的液面，使其均与水平连接管上端齐平。

2. 将库仑计中间阴极铜片逆时针旋转取下，用砂纸打磨阴、阳极铜片，然后浸入装有稀 HNO_3 溶液的广口瓶中数秒，以除去铜电极表面的氧化层，取出后用蒸馏水淋洗。整个阴极铜片再用无水乙醇淋洗（包括其连接处），然后用吹风机的热风将其仔细吹干，在万分之一分析天平上称其质量得 m_1。将阴极铜片重新安装在库仑计上（与两阳极铜片平行），然后将 3 个电极浸入盛有镀铜液的库仑计中。

3. 按图 4-12-1 连接离子迁移数测定装置。检查无误后接通直流电源，设置电流为 10mA 左右，按下定时旋钮，连续通电 90min。

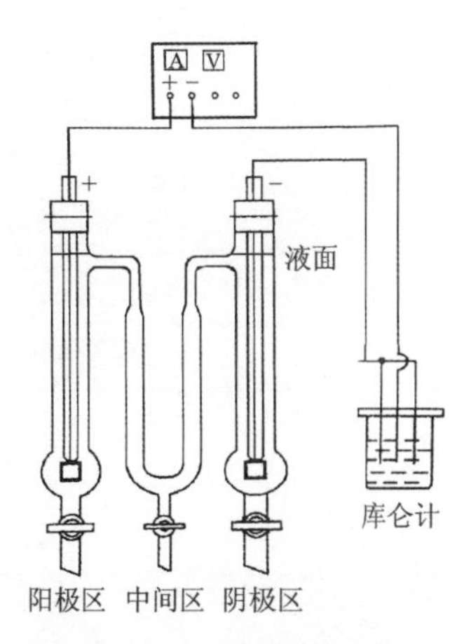

图 4-12-1　希托夫法测定离子迁移数的装置示意图

4. 测定标准工作曲线。打开 UV/V1 型紫外/可见分光光度计预热 30min，主界面下，按数字键“1”进入测量模式。按“GOTO λ”键设定波长，按数字键输入波长值为 830nm，按“ENTER”键确定设定的波长值并自动校准 100% T/0Abs。将参比液(水)和待测溶液分别装入不同的洁净比色皿中，并将装有样品的比色皿安装在分光光度计样品室的样品池中。当参比液在光路状态下，按“ZERO”键校准 100% T/0Abs，显示屏上显示“0.000Abs”，即可开始测量。将样品置于光路中，记录屏幕上显示的测量结果，然后由稀到浓依次测量 5 个 $CuSO_4$ 标准溶液的吸光度，并绘制吸光度-浓度标准工作曲线。

5. 离子迁移数测定装置通电 90min 后，立刻关闭电源。取下库仑计中的阴极铜片，用蒸馏水冲洗后，再用无水乙醇淋洗，并用吹风机的热风将其仔细吹干，称其质量得 m_2。

6. 小心并同时取出正、负两电极，然后取 2 个质量已知、洁净干燥的烧杯，将阴、阳两区的 $CuSO_4$ 溶液同时全部放出并称质量得 m_3 和 m_4，最后放出中间区的溶液(注意：放溶液前需快速并同时取出两个电极，再同时开启阴、阳两极下端的活塞，顺序一定不要颠倒，否则各区会引起串液；另外接液所用烧杯在通电时间结束前需要洗净、烘干、编号和称物质的量)。

7. 用分光光度计分别测定阴极区、阳极区、中间区溶液以及原始 $CuSO_4$ 溶液的吸光度。若中间区溶液与原始 $CuSO_4$ 溶液的吸光度相差太大，则需要重做实验。

五、注意事项

1. 镀铜液必须回收，以供下一组同学使用。

2. 通过称量通电前后铜库仑计中阴极铜片的质量变化来计算电极上发生电极反应物质的物质的量，这是本实验的关键步骤之一，因此称量时应格外小心。

3. 实验过程中必须避免搅动等引起溶液扩散的操作，且希托夫迁移管内不得有气泡。

4. 本实验中各区的划分必须正确，不能将阳极区与阴极区的溶液错划入中间区，以免引起实验误差。因此必须调节两电极的液面与中部的连接管平齐，通电结束后要缓慢且同步取出正、负两电极。

5. 本实验根据铜库仑计阴极铜片的增重计算通过的总电量，因此要求库仑计的阴极铜片在称量前必须仔细吹干。

6. 测定标准工作曲线时，溶液应由稀至浓测定。

六、数据记录与处理

1. 将实验数据填入表 4-12-1、表 4-12-2 和表 4-12-3 中。

表 4-12-1　库仑计阴极铜片质量记录表

库仑计铜阴极片	通电前	通电后
m(铜)/g		

表 4-12-2　阳极及阴极溶液实验数据记录表

溶液	阳极	阴极
m(烧杯)/g		
m($CuSO_4$溶液+烧杯的总质量)/g		
$CuSO_4$溶液的吸光度		

表 4-12-3　原始溶液和中间区溶液的吸光度

溶液	原始溶液	中间区溶液
吸光度		

2. 由库仑计中阴极铜片的质量增量及铜的摩尔质量，计算通入的总电量，从而根据法拉第电解定律 $n_{电} = \dfrac{Q}{zF} = \dfrac{m_2 - m_1}{M(Cu)}$ 计算得出。

3. 根据标准工作曲线和吸光度数据，求算阴极区和阳极区 $CuSO_4$溶液的物质的量浓度 c。

4. 按公式 $m_{水} = m_{溶液}(1 - cM/\rho)$ 计算阴、阳极区中水的质量，式中 M 为 $CuSO_4$的摩尔质量，$m_{溶液}$为 0.05mol・dm^{-3} $CuSO_4$溶液质量，c 为物质的量浓度，ρ 为 0.05mol・dm^{-3} $CuSO_4$溶液的密度。在 20℃时，0.05mol・dm^{-3}的 $CuSO_4$溶液的密度约为 1.006g・cm^{-3}。

5. 按公式 $b = c/(\rho - cM)$ 计算阴、阳极区，以及原始溶液的质量摩尔浓度 b。

6. 由溶液中 Cu^{2+} 物质的量的变化计算 Cu^{2+} 和 SO_4^{2-} 的迁移数。计算公式如下：

根据阳极区溶液计算：$t(Cu^{2+}) = \dfrac{n_{迁}}{n_{电}} = 1 - \dfrac{(b_{阳极} - b_{原始})m_{阳极,水}}{n_{电}}$

根据阴极区溶液计算：$t(Cu^{2+}) = \dfrac{n_{迁}}{n_{电}} = 1 + \dfrac{(b_{阴极} - b_{原始})m_{阴极,水}}{n_{电}}$

七、思考题

1. 若铜库仑计的阴极铜片上残留有氧化铜，则对实验结果有何影响？
2. 通过铜库仑计阴极的电流密度为什么不能太大？
3. 若本实验所测离子迁移数与文献值相差较大，分析造成实验误差的主要原因有哪些？
4. 如何根据溶液中 SO_4^{2-} 物质的量的变化计算离子迁移数？

实验十三　交流电桥法测定电解质溶液的电导

一、实验目的

1. 了解溶液电导的基本概念。
2. 掌握交流电桥法测量电解质溶液电导的基本原理和实验方法。

3. 测定醋酸溶液的电导，并计算其电导率、摩尔电导率、解离度和解离平衡常数。

二、实验原理

电解质溶液属于第二类导体，又称为离子导体，其是依靠正、负离子做定向移动而导电。电解质溶液的导电能力可以用电导 G 或者电阻 R 来度量，它们之间的关系为：

$$G=\frac{1}{R}=\kappa\cdot\frac{A}{l} \tag{4-13-1}$$

$$\kappa=G\cdot\frac{l}{A}=K_{\text{cell}}\cdot G \tag{4-13-2}$$

式中：A 为电极的横截面积(m^2)；l 为两电极间的距离(m)；对于电极固定的电导池，l/A 为一常数，称为电导池常数，用 K_{cell} 表示，其通常用电导率已知的一定浓度的 KCl 溶液注入同一电导池中，测定其电阻从而进行求算；κ 为电导率，其单位为 $S\cdot m^{-1}$。

电解质溶液的摩尔电导率 Λ_m 与电导率 κ 和浓度 c 之间的关系为：

$$\Lambda_m=\frac{\kappa}{c} \tag{4-13-3}$$

弱电解质的解离度与其摩尔电导率之间的关系为：

$$\alpha=\frac{\Lambda_m}{\Lambda_m^\infty} \tag{4-13-4}$$

式中：Λ_m^∞ 为极限摩尔电导率。对 AB 型弱电解质，其解离平衡常数 $K_c^\ominus$ 与其浓度和解离度的关系为：

$$K_c^\ominus=\frac{\alpha^2}{1-\alpha}\cdot\frac{c}{c^\ominus} \tag{4-13-5}$$

将式(4-13-4)代入式(4-13-5)，得：

$$K_c^\ominus=\frac{(\Lambda_m/\Lambda_m^\infty)^2}{1-(\Lambda_m/\Lambda_m^\infty)}\cdot\frac{c}{c^\ominus}=\frac{\Lambda_m^2}{\Lambda_m^\infty(\Lambda_m^\infty-\Lambda_m)}\cdot\frac{c}{c^\ominus} \tag{4-13-6}$$

也可写成：

$$\frac{1}{\Lambda_m}=\frac{\Lambda_m}{K_c^\ominus\cdot(\Lambda_m^\infty)^2}\cdot\frac{c}{c^\ominus}+\frac{1}{\Lambda_m^\infty} \tag{4-13-7}$$

实验时，测定不同浓度溶液的 Λ_m，以 $\frac{1}{\Lambda_m}$ 对 $\Lambda_m\cdot\frac{c}{c^\ominus}$ 作图得一直线，由直线的斜率和截距即可求得 $K_c^\ominus$。

交流电桥法是实验室里测量溶液电阻或电导的常用方法，其原理如图 4-13-1 所示。为避免通电时化学反应和极化现象的发生，测量溶液电导时需使用交流电。图 4-13-1 中 S 为频率 1000Hz 左右的高频交流电源，AB 为均匀的滑线电阻，G 为阴极示波器，R_3 为可变电阻，R_x 为电导池中待测电解质溶液的电阻。调节可变电阻 R_3 或移动滑动接触点 D，使阴极示波器 G 中无电流通过，此时 D、C 两点的电位相等，电桥达平衡，并满足如下关系：

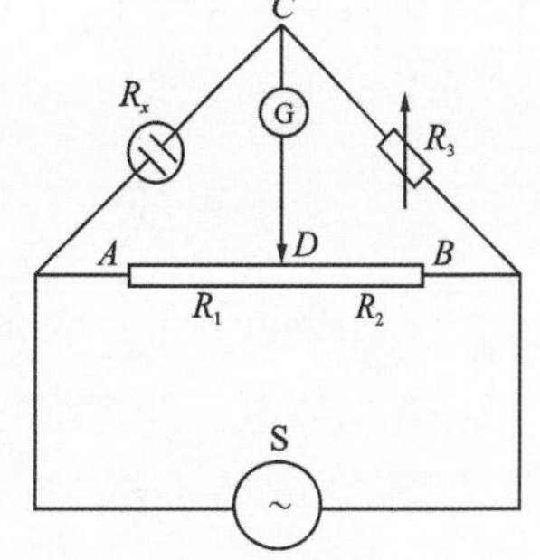

图 4-13-1 交流电桥原理示意图

$$\frac{R_2}{R_1} = \frac{R_3}{R_x} \tag{4-13-8}$$

$$G = \frac{1}{R_x} = \frac{R_2}{R_1 R_3} \tag{4-14-9}$$

式中：R_1、R_2、R_3均可直接由实验仪器读出，由此可计算出电导 G。

三、仪器与试剂

仪器：滑线式变阻器 1 个；可变电阻箱 2 台；阴极示波器 1 台；信号发生器 1 台；恒温槽 1 台；电导池 2 个；铂黑电导电极 1 个；$25cm^3$移液管 3 支。

试剂：0.010 0mol·dm^{-3} KCl 溶液；0.1mol·dm^{-3} HAc 溶液；重蒸馏水。

四、实验步骤

1. 调节超级恒温槽温度为 25℃。

2. 按图 4-13-1 连接好交流电桥线路。

3. 调节均匀滑线电阻 AB 的中点。将 R_x用 500Ω 变阻箱 R_4 替换，同时将变阻箱 R_3的电阻值也调为 500Ω，调节滑动接触点 D，使示波器 G 波形为一直线，此时固定滑动接触点 D。注意：在实验过程中 D 点必须固定不变。

4. 测定电导池常数 K_{cell}。用重蒸馏水淋洗铂黑电极，并用滤纸吸干铂黑电导电极外表面附着的水，千万不要触碰电极内表面的铂黑，且电极要轻拿轻放。用 $25cm^3$ 移液管移取 0.010 0mol·dm^{-3}KCl 溶液 $50cm^3$注入一干燥洁净的电导池中，插入铂黑电极，将电导池放入恒温槽中恒温 10min。将电导池 R_x 替换 R_4，重新调节变阻箱 R_3使示波器 G 波形为一直线，记录变阻箱 R_3的电阻值，R_3即为 KCl 溶液的电阻。

5. 测定不同浓度 HAc 溶液的电导。用 $25cm^3$ 移液管移取 0.1mol·dm^{-3} HAc 溶液 $50cm^3$注入另一洁净干燥的电导池中，插入处理好的铂黑电极，按步骤 4. 测定其电阻。然后用 $25cm^3$移液管从电导池中移出 $25cm^3$ HAc 溶液弃去，用另一支移液管移取 $25cm^3$重蒸馏水注入电导池中，混合均匀后测其电阻。按此方法依次稀释 HAc 溶液 4 次并分别测定其电阻。

6. 实验完毕，切断电源，拆下导线，将电导池洗净烘干，铂黑电极用重蒸馏水洗净，并将其插入盛有重蒸馏水的广口瓶中。

五、注意事项

1. 铂黑电导电极的处理。电极插入溶液前，需用蒸馏水淌洗铂黑电导电极，并用滤纸擦干铂黑电导电极外表面的水，但切勿碰触铂黑电极内表面的铂黑以免铂黑脱落。实验完毕后，电极必须插入装有重蒸馏水的广口瓶中。

2. 调节电桥平衡时，必须保证示波器波形为一直线。

3. 当调好 AB 的滑动接触点 D 位置时，在实验过程中滑动接触点 D 必须固定不变。

4. 测定溶液电导时，勿用手扶电导池，以免温度影响溶液的电导值。

六、数据记录与处理

1. 将数据记录在表 4-13-1 中。

表 4-13-1　实验数据记录表

室温：＿＿＿＿　大气压：＿＿＿＿　c_{KCl}：＿＿＿＿　R_{KCl}：＿＿＿＿　K_{cell}：＿＿＿＿

溶液序号	$c_{HAc}/(mol \cdot dm^{-3})$	R_{HAc}/Ω	$\kappa/(S \cdot m^{-1})$	$\Lambda_m\ /(S \cdot m^2 \cdot mol^{-1})$	α	$K_c^{\ominus}$
1						
2						
3						
4						
5						

2. 求算电导池常数 K_{cell}。已知 0.010 0mol · dm^{-3} KCl 标准溶液在 25℃时电导率为 0.141 3S · m^{-1}。

3. 计算不同浓度 HAc 溶液的电导率、摩尔电导率、解离度和解离平衡常数。已知 HAc 在 25℃时 $\Lambda_m^{\infty} = 0.039\ 07 S \cdot m^2 \cdot mol^{-1}$。

4. 以 $\frac{1}{\Lambda_m}$ 对 $\Lambda_m \cdot \frac{c}{c^{\ominus}}$ 作图得一直线，由直线的斜率求算 $K_c^{\ominus}$，并与计算值相比较。

七、思考题

1. 为什么要测量电导池常数？如何测量？
2. 本实验为什么选用交流电桥而不采用直流电桥？
3. 铂电极镀铂黑的目的是什么？其在使用时应注意什么？

实验十四　可逆电池电动势的测定

一、实验目的

1. 掌握对消法测定可逆电动势的基本原理。
2. 掌握电位差计的测量原理及其正确使用方法。
3. 学会金属电极的制备和电池的正确组装。

二、实验原理

原电池是由两个半电池（或两个电极）构成的，每个半电池则是由电子导体插入一定的电解质溶液中构成的系统，也称为电极。原电池电动势 E 为组成该电池的正、负两个半电池（或两个电极）的电极电势之差，即：

$$E=\varphi_{+}-\varphi_{-} \tag{4-14-1}$$

$$E^{\ominus}=\varphi_{+}^{\ominus}-\varphi_{-}^{\ominus} \tag{4-14-2}$$

式中：φ_{+}、φ_{-}和$\varphi_{+}^{\ominus}$、$\varphi_{-}^{\ominus}$分别为原电池正极、负极的电极电势和标准电极电势。

原电池电动势与温度及参加电池反应的各物质活度有关。当温度一定时，原电池电动势与参加电池反应的各物质活度之间的关系符合 Nernst 方程，即：

$$E=E^{\ominus}-\frac{RT}{zF}\ln\prod_{B}a_{B}^{v_B} \tag{4-15-3}$$

如果将某待测电极与已知电极电势的参比电极组成原电池，测定该原电池的电动势，即可求出该待测电极的电极电势和标准电极电势。

测量可逆电池的电动势必须在可逆条件下进行，即要求通过电池的电流几乎为零，因此需要采用对消法进行测量。对消法的原理是在待测电池的线路中，并联一个方向相反但电动势几乎与待测电池电动势相等的电池以补偿待测电池的电动势。

对消法测定可逆电池电动势常用的仪器为电位差计，其工作原理如图 4-14-1 所示。图中E_w为大容量的工作电池；ac为均匀的滑线电阻；R_s为可变电阻，使回路中有合适的工作电流I通过，从而在ac上产生均匀的电位降；E_s为标准电池；G 为高灵敏检流计；E_x为待测电池；K 为双向开关；b为可在ac上移动的滑动接触点。实验操作时，先将滑线电阻ac的移动接触点移到与标准电池E_s电动势值相应的刻度b处，将双向开关 K 向上与E_s接通，迅速调节可变电阻R_s直至 G 中无电流通过。此时，标准电池E_s的电动势与ab的电势降数值相等方向相反而对消，即由标准电池校准了ac上电势降的标度。固定R_s，将 K 与E_x接通，再次重新迅速地调节滑线电阻ac的滑动接触点至b'处使 G 中再次无电流通过，此时待测电池的电动势E_x就与ab'的电势降等值反向而对消，b'点所标记的电势降数值即为待测电池的电动势。

本实验采用 UJ-25 型电位差计测量电池电动势。

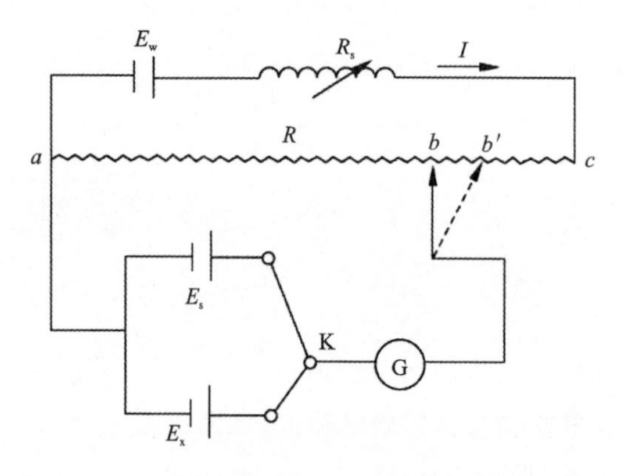

图 4-14-1　对消法测量电池电动势的工作原理图

三、仪器与试剂

仪器：UJ-25 型电位差计 1 台；铜、锌电极各 1 支；韦斯顿标准电池 1 只；纯铜片（电镀阳极用）1 片；检流计 1 台；盐桥 2 只；电位差计稳压电源 1 台；稳流电源 1 台；滤纸若干；金相砂纸若干；滑线电阻 1 台；导线若干；烧杯 4 个；饱和甘汞电极 1 支。

试剂：0.10mol·dm^{-3} $ZnSO_4$溶液；0.10mol·dm^{-3} $CuSO_4$溶液；饱和 KCl 溶液；KCl(A.R.)；饱和 $Hg_2(NO_3)_2$溶液；稀 HNO_3溶液；稀 H_2SO_4溶液；镀铜液。

四、实验步骤

1. 制备电极。

(1)铜电极制备。用金相砂纸及稀硝酸溶液(浸入数秒)彻底去除铜电极表面上的氧化层，取出铜电极用蒸馏水淋洗，将其用滤纸擦干，然后迅速将其置于装有镀铜液的烧杯中作阴极，在同一烧杯中同时插入经清洁处理的铜片做阳极，接上稳流电源进行电镀(注意：阴极和阳极千万不可以接反)。调节稳流电源的电流约 100mA，电镀时间 20min。待阴极铜电极表面镀上一层均匀的金属铜后，取出阴极并用蒸馏水淋洗干净，立刻置于装有 0.10mol·dm^{-3} $CuSO_4$溶液的烧杯中，电极浸没溶液中的深度需要超过 1cm 左右。

(2)锌电极制备。用金相砂纸及稀硫酸溶液(浸入数秒)彻底去除锌电极表面的氧化层，取出锌电极用蒸馏水淋洗后浸入饱和硝酸亚汞溶液中约 5s，取出后用滤纸擦拭(汞有毒，用过的滤纸马上投入指定的废液杯中，并马上盖上废液杯盖)，此时锌电极表面镀有一层均匀的锌汞齐，取出锌电极并用蒸馏水淋洗干净，立刻置于装有 0.10mol·dm^{-3} $ZnSO_4$溶液的烧杯中，电极浸没溶液中的深度需要超过 1cm 左右。

2. 原电池组装。

将制备好的电极按原电池符号正确组装成下列电池：

$$Zn(s) \mid ZnSO_4(0.10mol \cdot dm^{-3}) \parallel CuSO_4(0.10mol \cdot dm^{-3}) \mid Cu(s)$$

$$Zn(s) \mid ZnSO_4(0.10mol \cdot dm^{-3}) \parallel KCl(\text{饱和溶液}) \mid \text{饱和甘汞电极}$$

$$\text{饱和甘汞电极} \mid KCl(\text{饱和溶液}) \parallel CuSO_4(0.10mol \cdot dm^{-3}) \mid Cu(s)$$

3. 原电池电动势测定。

按照电位差计电路图连接好测量线路，用对消法分别测定以上 3 个电池的电动势(每个电池测量 3 次)。饱和式韦斯顿标准电池的电动势 E_N计算公式如下：

$$E_N/V = 1.018\,65 - 4.06 \times 10^{-5} \times (t/℃ - 20)$$

五、注意事项

1. 处理好后的电极不宜在空气中暴露时间过长，应尽快处理并置于相应的电解液中。

2. 接线时先接好电位差计的线路，检查无误后再接标准电池和工作电池；实验完毕则应先拆除标准电池和工作电池的接线。

3. 测量前先估算被测电池电动势的大小，以便在测量时迅速找到平衡点。在测试中，调节的速度要尽可能快，以防止造成严重的极化现象。

4. 每次测量前都要用标准电池校正工作电流，否则会因为工作电池电压不稳导致测量结果不准确。

5. 实验完毕后，镀铜液须回收，以备下次实验继续使用。

六、数据记录与处理

1. 记录实验数据并填入表 4-14-1 中。

表 4-14-1　实验数据记录表

实验温度：__________　　大气压：__________　　E_N：__________

待测电池	E_x/V		
	1	2	3

2. 计算实验温度下锌电极的标准电极电势，已知 $\gamma_{\pm}(0.10\text{mol}\cdot\text{dm}^{-3}\ ZnSO_4)=0.150$。

3. 计算实验温度下如下电池的理论电动势：

$$\text{饱和甘汞电极} \mid KCl(\text{饱和溶液}) \parallel CuSO_4(0.10\text{mol}\cdot\text{dm}^{-3}) \mid Cu(s)$$

已知：不同温度下饱和甘汞电极的电极电势 $\varphi/\text{V}=0.2412-6.61\times10^{-4}(t/℃-25)$，298K 时 $\varphi^{\ominus}(Cu^{2+}\mid Cu)=0.337\text{V}$，$\left[\dfrac{\partial\varphi^{\ominus}(Cu^{2+}\mid Cu)}{\partial T}\right]_p=8.0\times10^{-6}\text{V}\cdot\text{K}^{-1}$，$\gamma_{\pm}(0.10\text{mol}\cdot\text{dm}^{-3}\ CuSO_4)=0.160$。

七、思考题

1. 要测定可逆电池的电动势，必须满足哪些条件？

2. 在测量电池电动势过程中，若检流计光点总往一个方向偏转，可能产生的原因有哪些？

3. 用 Zn(Hg)与 Cu 组成电池时，有人认为锌表面有汞，因而铜应为负极，汞为正极。此说法是否正确？

实验十五　电动势法测定化学反应的热力学函数

一、实验目的

1. 掌握电位差计的测量原理和使用方法。

2. 掌握通过测定电池的电动势计算电极电势和电池反应热力学性质的方法。

二、实验原理

电池除了可作电源外，还可用来研究构成此电池的电池反应的热力学性质。如果某原电池内进行的电池反应是可逆的，且此电池在可逆的条件下工作，则此原电池的电池反应在定温定压下的摩尔 Gibbs 自由能[变]$\Delta_r G_m$、摩尔熵[变]$\Delta_r S_m$，摩尔反应焓[变]$\Delta_r H_m$ 及反应热

Q_R 分别为：

$$\Delta_r G_m = - zFE \tag{4-15-1}$$

$$\Delta_r S_m = zF\left(\frac{\partial E}{\partial T}\right)_p \tag{4-15-2}$$

$$\Delta_r H_m = - zEF + zFT\left(\frac{\partial E}{\partial T}\right)_p \tag{4-15-3}$$

$$Q_R = T\Delta_r S_m = zFT\left(\frac{\partial E}{\partial T}\right)_p \tag{4-15-4}$$

式中：E 为可逆电池的电动势；F 为法拉第常数；z 为对应电池反应的得失电子数；$\left(\frac{\partial E}{\partial T}\right)_p$ 为电动势的温度系数。

在一定压力下，测定不同温度下的电池电动势 E，以电动势 E 对温度作图，从曲线的斜率可以求得任一温度下电动势的温度系数 $(\partial E/\partial T)_p$，由上述公式就可算出热力学函数的改变量。

可逆电池的电动势数据可用于热力学计算，但其测量条件除了电池反应可逆和传质可逆外，还要求在测量回路中电流趋近于零。利用对消法可在测量回路中电流趋于零的条件下进行测量，所测得的结果即为可逆电池的电动势。

对消法测定可逆电池电动势常用的仪器为电位差计，其原理如图 4-14-1 所示。图中 E_w 为大容量的工作电池；ac 为均匀的滑线电阻；R_s为可变电阻，使回路中有合适的工作电流 I 通过，从而在 ac 上产生均匀的电位降；E_s为标准电池；G 为高灵敏检流计；E_x为待测电池；K 为双向开关；b 为可在 ac 上移动的滑动接触点。实验操作时，先将滑线电阻 ac 的移动接触点移到与标准电池 E_s电动势值相应的刻度 b 处，将双向开关 K 向上与 E_s接通，迅速调节可变电阻 R_s直至 G 中无电流通过。此时，标准电池 E_s的电动势与 ab 的电势降数值相等方向相反而对消，即由标准电池校准了 ac 上电势降的标度。固定 R_s，将 K 与 E_x接通，再次重新迅速调节滑线电阻 ac 的滑动接触点至 b'处使 G 中再次无电流通过，此时待测电池的电动势 E_x就与 ab' 的电势降等值反向而对消，b'点所标记的电势降数值即为待测电池的电动势。

本实验采用 UJ-25 型电位差计测量电池电动势。

三、仪器与试剂

仪器：UJ-25 型电位差计 1 台；铜、锌电极各 1 支；超级恒温水浴 1 台；小烧杯 2 个；金相砂纸；原电池装置 1 个。

试剂：饱和 KCl 溶液；0.100mol · dm^{-3} $ZnSO_4$溶液；0.100mol · dm^{-3} $CuSO_4$溶液。

四、实验步骤

1. 电极处理。用金相砂纸轻轻地把电极擦亮，再用蒸馏水洗净，最后用滤纸擦干（若作精确测定，则对锌电极要进行汞齐化处理，铜电极要进行电镀处理）。

2. 铜锌原电池的组装。按图 4-15-1 组装好铜、锌原电池并置于超级恒温水浴中。组装电池时要特别注意电池导液管中不能有气泡。

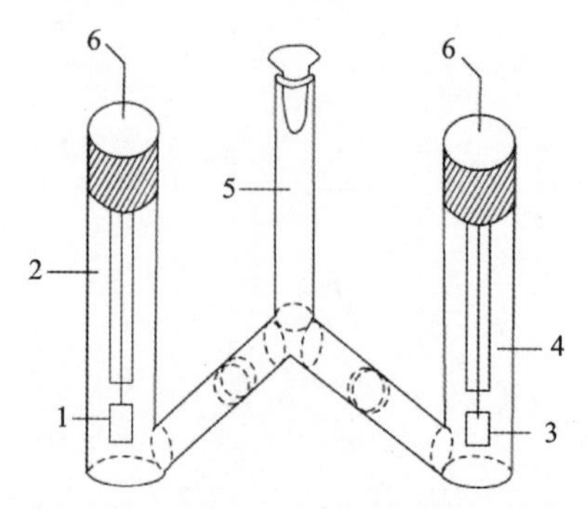

图 4-15-1　Zn-Cu 原电池装置示意图

1. Zn 电极；2. $ZnSO_4$溶液；3. Cu 电极；4. $CuSO_4$溶液；5. 饱和 KCl 溶液；6. 导线

3. 电池电动势的测量。调节超级恒温水浴温度为 18℃，恒温 10min 后，测定原电池的电动势 E。在恒压条件下每间隔 5℃测定电池电动势，共测定 6 个温度。

五、注意事项

1. 处理好后的电极不宜在空气中暴露时间过长，应尽快处理并置于电解液中。

2. 测量前先估算被测电池电动势的大小，以便在测量时迅速找到平衡点。

六、数据记录与处理

1. 将数据记录于表 4-15-1 中。

表 4-15-1　电动势法测定化学反应的热力学函数实验数据记录表

室温：＿＿＿＿＿＿　　　　　　大气压：＿＿＿＿＿＿

编号	1	2	3	4	5	6
实验温度（T/℃）						
电动势（E/V）						

2. 以电动势 E 为纵坐标，绝对温度 T 为横坐标，作 E-T 关系图。

3. 由 E-T 图上的曲线斜率求 298K 时电动势的温度系数 $\left(\frac{\partial E}{\partial T}\right)_p$，求 298K 时该反应的热力学函数的改变值 $\Delta_r G_m$、$\Delta_r H_m$、$\Delta_r S_m$。

4. 将实验值与理论值进行比较。

七、思考题

1. 为什么用本实验方法测定电池反应的热力学函数改变值时，原电池内进行的化学反应必须是可逆的？

2. 实验中盐桥的作用是什么？

实验十六 极化曲线的测定

一、实验目的

1. 掌握恒电流法测定极化曲线的基本原理和测试方法。

2. 了解极化曲线的意义和应用。

二、实验原理

为了探索电极过程机理及影响电极过程的各种因素,必须对电极过程进行研究,其中极化曲线的测定是重要方法之一。在研究可逆电池的电动势和电池反应时,电极上几乎没有电流通过,每个电极反应都是在接近平衡状态下进行的。当电解池中有直流电通过时,随着电流密度的增加,阴极电势将偏离平衡电势而变得更负,阳极电势将偏离其电势变得更正,这种现象称为“极化”。描述电流密度与电极电势之间关系的曲线称作极化曲线。

测定极化曲线可以采用恒电流法和恒电位法两种方法。恒电流法是控制通过电极的电流密度,测定各电流密度时的电极电势。恒电位法是将研究的电极电势维持在恒定值,测定各恒定电极电势下的稳定电流密度。在实际测量中,恒电位法有静态法和动态法两种。

静态恒电位法:将电极电势较长时间地维持在某一恒定值,测电流密度随时间的变化并得到稳定的电流密度值,通过改变恒定电位数值进行逐点测量获得极化曲线。静态法测量的结果接近稳定值,但测量时间较长。

动态恒电位法:控制电极电位以较慢的速率连续改变或扫描,测量对应电位下的瞬时电流密度值,并以瞬时电流密度值与对应的电极电位作图得到极化曲线。扫描速率需根据研究体系的性质而定,一般来说,电极表面建立稳态的速率越慢,电位改变也应越慢,这样才能使得到的极化曲线与采用静态法测得的结果接近。

本实验采用恒电流法分别测定 H_2SO_4 溶液和 $CuSO_4$ 溶液的极化曲线。

三、仪器与试剂

仪器:电位差计或数字电压表 1 台;直流稳压电源 1 台;0～50mA 电流表 1 个;0～100kΩ 电阻箱 1 个;“H”形电解池 1 套(带鲁金毛细管盐桥);铂电极 2 支;饱和甘汞电极 1 支。

试剂:$1mol \cdot dm^{-3}$ $CuSO_4$ 溶液;$1mol \cdot dm^{-3}$ H_2SO_4 溶液;饱和 KCl 溶液。

四、实验步骤

1. 分别测定 H_2SO_4 和 $CuSO_4$ 的分解电压。

将 H_2SO_4 注入“H”形电解池中,插入铂电极,按图 4-16-1 所示将两电极与直流稳压电源、电流表和电阻箱连接,根据表 4-16-1 所示调节电压,读取 H_2SO_4 的电流数值,确定其分解电压(注意:实验中接着做 2. 和 3. 步骤)。

$CuSO_4$分解电压的测定步骤与上述步骤相同。

2. 阴极电极电势的测定。

测定 H_2SO_4 的分解电压后，如图 4-16-1 所示，在研究电极与参比电极之间连接数字电压表，完成测定线路装置，将鲁金毛细管盐桥与阴极表面靠近。逐步调节稳压电源电压及电阻箱，使通过电解池的电流强度分别如表 4-16-2 所示数值，从电压表上读取以饱和甘汞电极为参比时的对应阴极电势的读数。

3. 阳极电极电势的测定。

将图 4-16-1 中的数字电压表与阴极接线点 a 移至阳极接线点 b，再将鲁金毛细管盐桥移至与阳极表面靠近，按上述方法分别测定在不同电流数值下的阳极电势读数(表 4-16-3)。

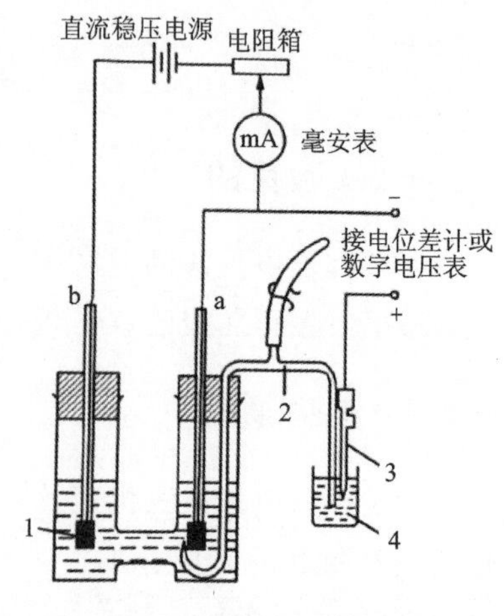

图 4-16-1　测定极化曲线装置连接示意图

1. 铂电极；2. 鲁金毛细管盐桥；3. 甘汞电极；4. 饱和 KCl 溶液

五、注意事项

研究电极与鲁金毛细管盐桥应尽量靠近，但盐桥尖端离电极表面的距离不能小于毛细管本身的直径。

六、数据记录与处理

1. 按表 4-16-1、表 4-16-2、表 4-16-3 中数据测定并记录。表中 φ_-(SCE)、φ_+(SCE)表示以饱和甘汞电极为参比时的阴极、阳极的电极电势；φ_-(SHE)、φ_+(SHE)表示以标准氢电极为参比时的阴极、阳极的电极电势。饱和甘汞电极的电极电势与温度的关系如下：

$$\varphi(\mathrm{SCE}) = 0.2415 - 0.0007(t - 25)$$

表 4-16-1　分解电压的测定

E/V	0.2	0.4	0.6	0.8	1.0	1.2	1.4	1.6	1.8	2.0	2.2	2.4	2.6	2.8	3.0
$I(H_2SO_4)$/mA															
$I(CuSO_4)$/mA															

表 4-16-2　不同电流时的阴极电势

溶液	I/mA	1.0	2.0	5.0	10.0	20.0	40.0	60.0	80.0	100.0
H_2SO_4	φ_-(SCE)/V									
	φ_-(SHE)/V									
$CuSO_4$	φ_-(SCE)/V									
	φ_-(SHE)/V									

表 4-16-3　不同电流时的阳极电势

溶液	I/mA	2.0	5.0	10.0	20.0	50.0	80.0	100.0	120.0	150.0	200.0
H_2SO_4	φ_+(SCE)/V										
	φ_+(SHE)/V										
$CuSO_4$	φ_+(SCE)/V										
	φ_+(SHE)/V										

2. 作分解电压图并标出分解电压值。

3. 以电流密度为纵坐标、电极电位为横坐标，作极化曲线图。

七、思考题

1. 比较恒电流法和恒电位法测定极化曲线的异同点。试设计用恒电位法测定极化曲线的实验方案。

2. 在测定极化曲线时，为什么要使盐桥尖端与研究电极表面接近？

实验十七　$Fe(OH)_3$溶胶的制备与电泳

一、实验目的

1. 掌握 $Fe(OH)_3$溶胶的制备和纯化方法。

2. 观察溶胶的电泳现象和了解其电学性质。

3. 掌握电泳法测定 $Fe(OH)_3$溶胶ζ电势的基本原理和实验方法。

二、实验原理

1. 采用化学凝聚法制备 $Fe(OH)_3$溶胶的基本原理。

憎液溶胶的分散相粒子是由若干原子或者分子组成的不溶性聚集体，其大小在 1～100nm 之间。因此，憎液溶胶具有高分散度、超微不均匀（多相）性、易聚结的不稳定性等基本特性，属于热力学上不稳定、不可逆的系统，通常也简称为溶胶。形成溶胶必须要求分散相粒子的溶解度要小，同时系统中应有适当的稳定剂存在，否则胶粒易聚结而聚沉。

溶胶的制备方法大致可以分为两类：分散法和凝聚法。分散法就是采用适当的方法将较大的固体颗粒分散成胶体颗粒大小。凝聚法又分为化学凝聚法和物理凝聚法。化学凝聚法是实验室制备溶胶最常用的方法，即通过化学反应（如复分解反应、水解反应、氧化或还原反应等）先得到难溶物分子（或离子）的过饱和溶液，再使若干分子（或离子）互相结合成胶体颗粒大小的不溶性聚集体而制得溶胶。

本实验采用化学凝聚法制备 $Fe(OH)_3$溶胶，即将 $FeCl_3$溶液滴加到沸腾的蒸馏水中，通

过 $FeCl_3$ 的水解反应而制得 $Fe(OH)_3$ 溶胶。水解反应为：

$$FeCl_3 + 3H_2O(热) = Fe(OH)_3\downarrow(溶胶) + 3HCl$$

$Fe(OH)_3$ 溶胶的胶团结构化学式可表示为：

$$\underbrace{[\overbrace{\overbrace{(Fe(OH)_3)_m}^{胶核} \cdot nFeO^+ \cdot (n-x)Cl^-}^{胶粒}]^{x+} \cdot xCl^-}_{胶团}$$

由化学凝聚法制备的溶胶系统常因为含有过量的电解质及其他杂质，导致溶胶系统不稳定，因此所制得的溶胶必须经纯化处理。半透膜渗析法是溶胶最常用的纯化方法。

2. 电泳法测定 $Fe(OH)_3$ 溶胶 ζ 电势的基本原理。

在溶胶系统中，固体分散相粒子由于本身的电离或其对某些离子的选择性吸附等原因，导致其表面往往会带有一定量的正电荷或负电荷，在其周围则分布着电量相等但符号相反的一定量反号离子，而整个溶胶系统则是电中性的。由于静电吸引和离子热运动的共同结果，反号离子会在固-液两相界面上形成扩散双电层结构，其由紧密层和扩散层构成。在外加电场作用下，固体分散相粒子会带着紧密层中的反号离子与部分溶剂分子一起移动。此时发生相对移动的界面称为切动面，移动的切动面与本体溶液之间的电势差称为电动电势或 ζ 电势。ζ 电势在研究溶胶性质及实际应用中起着非常重要的作用，其数值与胶粒的大小、浓度、介质的性质、pH 值及温度等因素有关。ζ 电势绝对值的大小反映了溶胶胶粒的带电程度，因此溶胶的稳定性与 ζ 电势的大小有着直接的关系。ζ 电势的绝对值越大，胶粒带电越多，溶胶越稳定；$\zeta=0$，该状态称为等电态，此时胶粒不带电，溶胶的稳定性最差，电泳和电渗速度为零，溶胶很容易聚沉。因此，ζ 电势的测定对了解溶胶的稳定性具有重要意义。原则上，溶胶的电动现象（电泳、电渗、流动电势、沉降电势）都可以用来测定 ζ 电势，但电泳是实验室中最常用的测定方法。

在外加电场的作用下，带有电荷的溶胶胶粒在分散介质中向某一电极做定向移动的现象称为电泳。一般来说，外加电势梯度越大，胶粒带电越多，胶粒越小，分散介质的黏度越小，则电泳速度越大。从电泳现象可以获得溶胶的胶粒所带电荷符号的有关信息。

本实验采用"U"形管电泳仪测定在外加电场作用下 $Fe(OH)_3$ 胶粒的电泳速度，并根据式(4-17-1)计算 ζ 电势，相应的实验装置如图 4-17-1 所示。ζ 电势的计算公式如下：

$$\zeta = \frac{\eta u}{E\varepsilon} \tag{4-17-1}$$

式中：E（电势梯度）$=H/l$，H 为外加电场的电压(V)，l 为两电极间的距离(m)；η 为分散介质水的黏度(Pa·s)，其可查物理化学实验附表 3；u 为电泳速度($m\cdot s^{-1}$)；ε 为分散介质的介电常数($F\cdot m^{-1}$)，$\varepsilon=\varepsilon_r\cdot\varepsilon_0$ ($F\cdot m^{-1}$)；ε_r 为分散介质的相对介电常数，水的 ε_r 可按 $\varepsilon_r=80-0.4(T-293)$（$T$ 的单位为 K）求算；ε_0（真空介电常数）$=8.854\times10^{-12}\,F\cdot m^{-1}$。

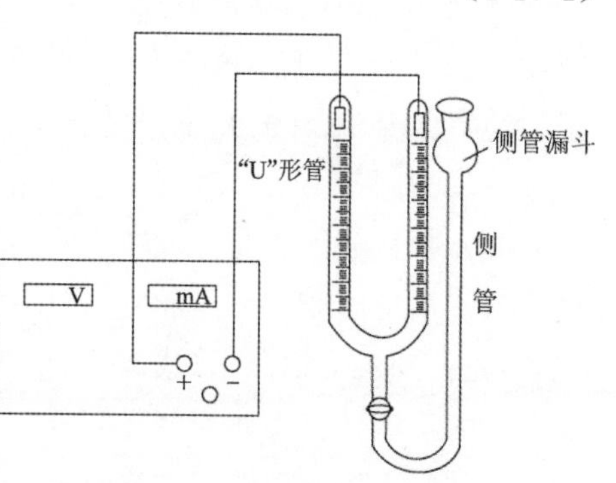

图 4-17-1　电泳实验装置图

当 η、ε、H、l 都已知时，只要测定电泳速度 u，即

可求出ζ电势。电泳速度 u 可根据溶胶与辅助液之间的界面在电泳时间 t 内移动的距离 d 而求得，即 $u=d/t$。

三、仪器与试剂

仪器：电加热炉 1 台；滴液漏斗 1 个；集热式恒温加热磁力搅拌器 1 台；电泳仪 1 套；电导率仪 1 台(附带铂黑电导电极 1 支)；铂电极 2 个；WYJ-GA 高压数显稳压电源 1 台；烧杯(500mL)4 个；烧杯(250mL)2 个；烧杯(500mL)1 个；锥形瓶(250mL)3 个；玻璃棒 2 根；量筒(100mL)1 个；量筒(50mL)1 个；电吹风 1 把；细线绳 1 根；小夹子若干；小试管 2 只；胶头滴管 4 个；直尺 1 把；玻璃棒 1 根；细线 1 根；秒表 1 个；半透膜袋子若干。

试剂：10wt% $FeCl_3$ 溶液；6% 火棉胶液；0.01mol·dm^{-3} KCl 溶液；0.01mol·dm^{-3} $AgNO_3$溶液；经纯化的 $Fe(OH)_3$溶胶。

四、实验步骤

1. 水解法制备 $Fe(OH)_3$溶胶。

在 500cm^3 洁净的烧杯中用量筒加入约 150cm^3 去离子水，用电加热炉加热水至其沸腾。在不断搅拌下用滴液漏斗迅速一次性滴加 8cm^3 浓度为 10wt%的 $FeCl_3$溶液，控制约 30s 滴加完毕，继续加热 1min 后，立刻停止加热，不断搅拌直至其冷却至室温，即可制得红褐色的 $Fe(OH)_3$溶胶。

2. 半透膜渗析法纯化 $Fe(OH)_3$溶胶。

(1)制备半透膜。用洁净干燥的量筒量取 20cm^3 6%的火棉胶液(必须远离火源)，倾入内壁光滑、洁净干燥的 250cm^3 锥形瓶底中央，迅速小心转动锥形瓶，使火棉胶液在锥形瓶内壁形成一层均匀的薄膜。倾出多余的火棉胶液于回收瓶中，将锥形瓶倒置在烧杯中并不停地转动，让剩余的火棉胶液流尽并使乙醚挥发完全，此时用手指轻轻触及胶膜应无黏着感(若挥发太慢可用电吹风吹几分钟直至乙醚挥发完全)，随即在锥形瓶内加满去离子水，浸泡薄膜 10min，再将去离子水倒出，用手指小心地在锥形瓶口剥开一部分胶膜，在胶膜和瓶壁之间的夹层中用洗瓶注入一定量的去离子水，边注入水边小心转动，胶膜即可脱离锥形瓶壁。小心取出胶膜袋，用去离子水检查其是否有漏洞。若有小漏洞，则重新制备。将制备好且无漏洞的半透膜浸泡在去离子水中待用。用上述同样方法另外制备一个胶膜，在锥形瓶内加满去离子水浸泡薄膜以备用，无需取出胶膜袋。

(2)半透膜渗析法纯化 $Fe(OH)_3$溶胶。将步骤 1. 所得到的 $Fe(OH)_3$溶胶小心倾入预先剪切成一定尺寸大小的 2 个胶膜袋中，用小夹子夹紧胶膜袋口，将胶膜袋小心浸入装有约 400mL 去离子水的 500mL 烧杯中(烧杯置于水浴锅中，水温保持在 50～60℃之间)，开动磁力搅拌器，每 10min 换一次水，每次换水前用洁净的胶头滴管取约 1mL 渗析液于一只小试管中，用另一只洁净的胶头滴管向试管中滴加 0.01mol·dm^{-3} $AgNO_3$溶液，以检验是否存在 Cl^-。换水多次后，观察滴加 0.01mol·dm^{-3} $AgNO_3$ 后溶液依然澄清，方可将纯化后的 $Fe(OH)_3$溶胶移入一洁净干燥的烧杯中，以备电泳实验使用。经纯化的溶胶在电泳实验前要求其电导率应该小于 $80\mu S\cdot cm^{-1}$。

3. $Fe(OH)_3$溶胶电导率的测定。将纯化后的 $Fe(OH)_3$溶胶用电导率仪测其室温时的电导率 κ,并记录其数值。

4. KCl 辅助液的配置。

辅助液的选择和配置对溶胶电泳实验结果的准确性有较大的影响。本实验选择 KCl 溶液作为辅助液,即在 500mL 烧杯中加入约 200mL 去离子水,插入铂黑电导电极并接通电导率仪,用胶头滴管向烧杯中缓慢滴加 $0.01mol\cdot dm^{-3}$ KCl 溶液,边滴加边用玻璃棒小心地搅拌溶液(注意搅拌时一定要小心,千万不可触碰铂黑电导电极,以防弄破铂黑电导电极),调节溶液的电导率,使配置的 KCl 辅助液的电导率与 $Fe(OH)_3$溶胶的电导率近似相等。

5. 测定 $Fe(OH)_3$溶胶的电泳速度。

(1)用自来水刷洗电泳仪的电泳管,以除去管壁上可能存在的杂质,再用去离子水多次冲洗电泳管,直至其洁净为止。

(2)按电泳实验装置图 4-17-1 组装好电泳仪。关闭电泳仪的侧管活塞,将纯化后的 $Fe(OH)_3$溶胶从侧管的漏斗处小心倒入到侧管中(高度大约 4cm),小心缓慢地打开侧管活塞排出侧管中的气泡,随即关闭活塞。在排气泡过程中,如果 $Fe(OH)_3$溶胶不慎进入到"U"形管中,一定要关好活塞,用少量 KCl 辅助液荡洗"U"形管几次,直至"U"形管无 $Fe(OH)_3$溶胶为止。

(3)关闭侧管活塞,从侧管的漏斗处继续加入 $Fe(OH)_3$溶胶,直至漏斗的 2/3 高度处。用胶头滴管小心缓慢地沿"U"形管壁滴加 KCl 辅助液,直至 KCl 辅助液的液面达到约 5cm 刻度线处。此时仔细观察,如果"U"形管中有气泡,一定要用胶头滴管挤压排出气泡。

(4)小心缓慢打开侧管活塞,注意活塞打开的速度一定要慢,使 $Fe(OH)_3$溶胶通过活塞非常缓慢地流入"U"形管中,以保证 $Fe(OH)_3$溶胶与辅助液之间的界面清晰,当"U"形管两边的界面上升到 4cm 刻度线处时,关闭活塞。注意如果界面模糊,一定要重新实验。

(5)用辅助液淋洗铂电极,并将两个铂电极同时且缓慢地插入"U"形管中,铂电极下端浸入液面下的深度以 1~2cm 为宜。在此操作过程中,可以借助铁架台来固定铂电极的两电极导线,从而来调节电极浸入液面下的深度。插好铂电极后,仔细观察"U"形管中左右两界面的读数是否相同,如不相同,可通过细微调整铂电极的浸入深度进行调节。调节好后,读取"U"形管左右两边界面的准确刻度并记录之。

(6)将铂电极与高压数显稳压电源的两电极孔相接,开启高压数显稳压电源的电源开关,调节稳压电源的输出电压为 80V,同时开启秒表计时。仔细观察界面的移动方向并做好记录,同时准确读取并记录 5min、10min、15min、20min、25min、30min、35min、40min 时"U"形管左右两边界面的刻度。在电泳过程中一定要仔细观察溶胶的扩散和聚沉现象,并根据界面的移动方向准确判断胶粒的带电符号。

(7)实验结束后,关闭电源,用细线准确测量两铂电极间的距离 l(注意此距离不是水平距离,而是"U"形管左右两管壁中心线的导电距离),用直尺准确测量细线的长度并记录,此值即为两电极间的距离 l。注意两铂电极间的距离需要测量 3 次并取其平均值。

(8)实验结束后,取出铂电极并用去离子水淋洗干净,将其放回电极盒中。用自来水冲洗电泳管多次，最后用去离子水荡洗几次。整理好实验仪器及实验台，做好仪器使用登记。

五、注意事项

1. 火棉胶液是硝化纤维的乙醇乙醚混合溶液，制备胶膜袋时，一定要远离火源，以防着火，并注意回收残余液。

2. 制备胶膜时，加水不宜太早，因为若乙醚未挥发完全，则加水后膜呈乳白色，强度差不能用；但加水亦不可太迟，加水过迟则胶膜会变干、变脆、变硬，不易取出且易破。取出胶膜袋时，要借助水的浮力将膜托出。

3. 制备 $Fe(OH)_3$ 溶胶时，$FeCl_3$ 溶液需通过滴液漏斗滴入，滴加速度要快并不断搅拌。停止加热后，烧杯要继续放在电加热炉上让其自然冷却。冷却过程中，一定要不停地搅拌，防止溶胶的胶粒聚集长大。

4. 用半透膜渗析法纯化 $Fe(OH)_3$ 溶胶时，在换水时一定要小心，防止弄破胶膜袋。

5. 溶胶的制备条件和纯化效果均会影响电泳速度。制备溶胶时应控制好浓度、温度、搅拌和滴加速度。渗析时应控制水温，常搅拌渗析液，勤换渗析液，这样制备的胶粒大小均匀，电泳实验重现性好。

6. 制备好的 $Fe(OH)_3$ 溶胶必须经过纯化后才能用于电泳实验，而且经纯化的溶胶在电泳实验前要求其电导率应该低于 $80\mu S \cdot cm^{-1}$。

7. 电泳实验前一定要洗净电泳管，避免管壁上残留微量电解质及其他杂质。

8. 在“U”形管中装入 $Fe(OH)_3$ 溶胶时，一定要小心缓慢打开活塞，使 $Fe(OH)_3$ 溶胶通过活塞非常缓慢地流入“U”形管中，以保证 $Fe(OH)_3$ 溶胶与辅助液之间能形成清晰的界面。如果界面模糊，一定要重新实验。

9. 在电泳管中装入溶胶及辅助液时一定要排除管中的气泡。

六、数据记录与处理

1. 将实验数据填入表 4-17-1 中。

表 4-17-1　实验数据记录表

室温：__________　$Fe(OH)_3$ 溶胶的电导率 κ：__________　H：__________　l：__________

η：__________

时间 t/s	0	300	600	900	1200	1500	1800	2100	2400
正极界面刻度 h_1/m									
负极界面刻度 h_2/m									
界面平均移动距离 d/m	/								

2. 由实验所测数据求算 $Fe(OH)_3$ 溶胶的 ζ 电势。

3. 根据电泳时溶胶与辅助液之间界面的移动方向确定 $Fe(OH)_3$ 溶胶胶粒所带电荷的符号。

七、思考题

1. 为什么所制得的溶胶必须经纯化处理？
2. 为什么制备溶胶时加热时间不能太长？
3. 为什么制备好的溶胶必须经过纯化才能用于电泳实验？
4. 电泳速度与哪些因素有关？
5. 本实验为何要求辅助液的电导率与待测溶胶的电导率要近似相等？
6. 在电泳实验中如不用辅助液，直接将铂电极插入溶胶中会发生什么现象？

实验十八　最大气泡法测定溶液的表面张力

一、实验目的

1. 了解气-液界面的吸附作用。
2. 掌握最大气泡法测定液体表面张力的基本原理和实验技术。
3. 测定不同浓度乙醇水溶液的表面张力，并计算溶液的表面吸附量。

二、实验原理

从热力学观点来看，液体表面缩小是使系统总的 Gibbs 自由能减少的过程，是一个自发过程。因此，欲使液体产生新的表面 $\mathrm{d}A$，就需对其做功，其大小应与 $\mathrm{d}A$ 成正比：

$$\delta W' = \gamma \mathrm{d}A \tag{4-18-1}$$

式中：γ 为比例常数，它在数值上等于 T、p 及组成恒定的条件下，可逆增加单位表面积时环境对系统所做的可逆表面功；亦可将 γ 看作垂直作用于单位长度的表面边界，沿着与液体表面相切的方向使液体表面收缩的力，通常称为表面张力，它是液体表面最基本特性之一。

对于溶液来说，一方面可以通过缩小表面积来降低系统的 Gibbs 自由能；另一方面由于溶液中溶质和溶剂的表面张力不同，其也可以通过调节溶质的表面浓度来降低表面张力，从而降低系统的 Gibbs 自由能。能使溶剂的表面张力降低的溶质，称为表面活性物质；能使溶剂的表面张力增加的溶质，称为非表面活性物质。

在等温等压下，系统的 Gibbs 自由能有自动减小的趋势，因而导致溶质在溶液表面层中的浓度与其在本体溶液中的浓度会产生一定的差别，此现象称为溶液的表面吸附。溶液的表面吸附能力用溶液的表面吸附量 Γ 来衡量，其定义为在单位面积的表面层中，所含溶质物质的量与具有相同数量的溶剂在本体溶液中所含溶质物质的量之差。在一定的温度和压力下，溶液的表面吸附量 Γ 与溶液的表面张力以及溶液的浓度有关，在稀溶液范围内它们之间的关系遵守 Gibbs 吸附等温式：

$$\Gamma = -\frac{c/c^{\ominus}}{RT} \cdot \frac{\mathrm{d}\gamma}{\mathrm{d}(c/c^{\ominus})} \tag{4-18-2}$$

式中：Γ 为溶液的表面吸附量；γ 为溶液的表面张力；c 为吸附达到平衡时溶质在本体溶液中的浓度；$c^{\ominus}$ 为标准浓度；T 为热力学温度；R 为摩尔气体常数。

当 $\mathrm{d}\gamma/\mathrm{d}(c/c^{\ominus})<0$ 时，增加溶质的浓度使溶液的表面张力下降，Γ 为正值，称为正吸附，溶质在溶液表面层中的浓度大于其在本体溶液中的浓度，此溶质称为表面活性物质；反之，若 $\mathrm{d}\gamma/\mathrm{d}(c/c^{\ominus})>0$，增加溶质的浓度使溶液的表面张力升高，$\Gamma$ 为负值，称为负吸附，溶质在溶液表面层中的浓度小于其在本体溶液中的浓度，此溶质称为非表面活性物质。

因此，测出不同浓度溶液的表面张力，以表面张力对浓度作图，绘出 γ-c 曲线图，如图 4-18-1所示。由图 4-18-1 所知，当溶液浓度较小时，γ 随 c 的增大而迅速下降；溶液浓度继续增大，溶液表面张力随浓度的变化渐趋平缓；当浓度增大到某一数值后，溶液的表面张力几乎保持不变。在 γ-c 曲线上任选一点作切线，将切线的斜率 $\mathrm{d}\gamma/\mathrm{d}(c/c^{\ominus})$ 代入式(4-18-2)，即可求得在不同浓度下溶液的表面吸附量 Γ。

本实验用最大气泡法测定不同浓度乙醇水溶液的表面张力。如果浓度已知，根据 Gibbs 吸附等温式，通过图解法即可求得溶液的表面吸附量 Γ。

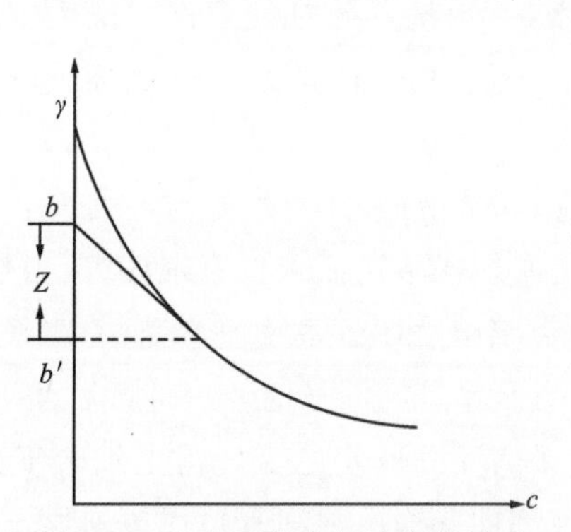

图 4-18-1　表面张力与浓度的关系

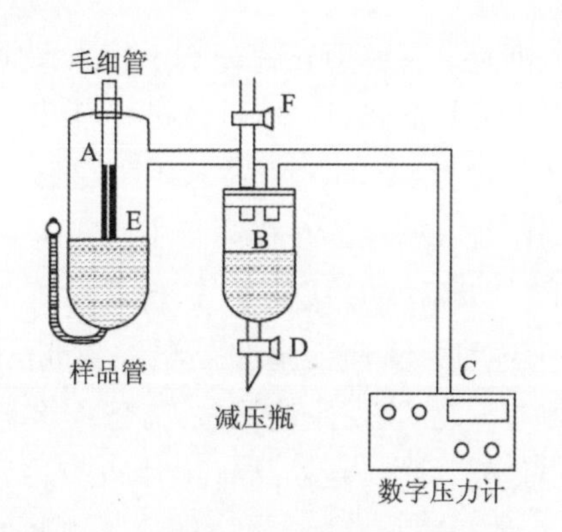

图 4-18-2　表面张力实验装置示意图

图 4-18-2 为表面张力实验装置示意图，其玻璃管 E 下端有一段直径为 0.2～0.5mm 的毛细管，C 为数显压力计，内盛密度较小的水或酒精等，作为工作介质测定微压差。将待测表面张力的液体装于表面张力仪的样品管中，使 E 管的端面与液面相切，液面即沿毛细管上升。打开减压瓶的活塞 D，使减压瓶中的水缓慢下滴而减小系统压力，则样品管 A 中液面上受到的压力小于毛细管内液面上受到的压力，当此压力差稍大于毛细管口液体的表面张力时，气泡就从毛细管口脱出。如果毛细管半径很小，则形成的气泡基本上是球形的。当气泡开始形成时，表面几乎是平的，这时其曲率半径最大。随着气泡的形成，曲率半径逐渐变小，直到气泡变成半球形，这时气泡曲率半径 R 与毛细管半径 R' 相等，曲率半径达最小值，此时压力差达最大值。气泡进一步长大，R 变大，压力差则变小，直到气泡逸出。这一最大压力差等于凹液面的附加压力，由 Young-Laplace 公式可知：

$$p_{\mathrm{s,max}}=\frac{2\gamma}{R'} \tag{4-18-3}$$

式中：$p_{\mathrm{s,max}}$ 为最大压力差；γ 为表面张力；R' 为毛细管半径。

最大压力差 $p_{s,max}$ 可以用数显压力计的最大读数 Δh 来表示，即：

$$p_{s,max} = \frac{2\gamma}{R'} = \rho \cdot g \cdot \Delta h \tag{4-18-4}$$

$$\gamma = \frac{R'}{2} \cdot \rho \cdot g \cdot \Delta h = K \cdot \Delta h \tag{4-18-5}$$

式中：ρ 为数显压力计中液体的密度；K 为仪器常数，同一支毛细管 K 为常数，实验时可用已知表面张力的标准物质（例如水）测定。

三、仪器与试剂

仪器：表面张力仪 1 套；洗耳球 1 个；50cm³、250cm³、500cm³ 烧杯各 1 个；阿贝折射仪 1 台；精密数显压力计（微差压）1 台。

试剂：3%、6%、10%、20%、30%、50%、80%乙醇水溶液。

四、实验步骤

1. 仪器准备。实验前在样品管中注入蒸馏水，并用洗耳球打气数次润洗毛细管，此操作重复 3 次以上。然后将自来水注入减压瓶中，调节减压瓶上的活塞 F 使其通大气，调节精密数字压力计单位为 mmH_2O，按“采零”按钮。

2. 检测系统气密性。在样品管中注入蒸馏水，调节液面，使之恰好与毛细管 E 下端相切。关闭活塞 F，打开活塞 D 缓慢抽气，使减压瓶中的水缓慢下滴而减小系统压力，当数字压力计显示一定的压差时，关闭活塞 D。若 2～3min 内数字压力计压差数值不变，表明系统不漏气；若压差数值有变化，说明系统漏气，需仔细检查，直至系统不漏气时才可进行后续实验。

3. 测定仪器常数。在样品管中注入蒸馏水，调节液面，使之恰好与毛细管 E 下端相切。关闭活塞 F，打开活塞 D 对系统减压，调节水流速率使气泡由毛细管口成单泡逸出，且每个气泡形成的时间介于 5～10s。读取精密数字压力计最大读数 Δh 连续 3 次，取平均值。将活塞 F 通大气，用胶头滴管吸出样品管里的蒸馏水。

4. 测定不同浓度乙醇水溶液的表面张力。按照步骤 3. 由稀至浓依次测定 3%、6%、10%、20%、30%、50%、80%的乙醇水溶液最大压力差。每次换溶液要先润洗毛细管，并用洗耳球打气数次使溶液混合均匀。用阿贝折射仪测每一份溶液的折射率（重复 3 次，取其平均值），并根据标准工作曲线查出其对应的浓度。每次测完一个样品后，需用滴管吸出样品管中的剩余溶液至回收瓶中。

5. 实验完毕，将表面张力仪样品管重新注入蒸馏水，再依次用蒸馏水漂洗多次，并用洗耳球打气数次润洗毛细管。将试剂瓶摆放整齐，取下所有胶头滴管的橡皮塞子，并整理好实验台。

五、注意事项

1. 实验前必须要检查系统气密性。

2. 所用毛细管必须干净、干燥，且保持垂直，实验时毛细管管口必须刚好与液面相切，否则气泡不能连续逸出，使压力计的读数不稳定，且影响溶液的表面张力。

3. 精密数字压力计进行“采零”操作时，系统必须与大气相通。

4. 气泡应调节成单气泡逸出，使气泡表面建立吸附平衡。

5. 挤压洗耳球混合溶液时务必使系统为敞开系统，以免溶液溢出。

六、数据记录与处理

1. 将实验数据填入表 4-18-1 中，并根据水的表面张力计算仪器常数 K，从而计算不同溶液的表面张力 γ。

表 4-18-1 实验数据记录表

室温：________ 大气压：________

液体		蒸馏水	3%	6%	10%	20%	30%	50%	80%
Δh	1								
	2								
	3								
	平均值								
折射率	1								
	2								
	3								
	平均值								
γ									
c		—							

2. 绘制 γ-c 曲线，利用图解法作不同浓度对应 γ-c 曲线的切线，并由此得到切线的斜率，然后根据 Gibbs 吸附等温式计算不同浓度下溶液的表面吸附量 Γ；或采用计算机软件对 γ-c 曲线进行非线性拟合，从而求得溶液的表面吸附量 Γ。

3. 绘制 Γ-c 等温线。

七、思考题

1. 本实验成败和结果准确与否的关键因素是什么？

2. 毛细管尖端为何必须与液面相切？否则对实验有何影响？

3. 气泡逸出速率较快，或不成单泡，对实验结果有无影响？为什么？

4. 用最大气泡法测溶液的表面张力时，为什么要测定仪器常数？如何测定？

5. 实验数据处理时，如何准确地画出曲线的切线，从而准确得到每一点的切线斜率？

实验十九　固体-溶液界面上的吸附

一、实验目的

1. 了解固体-溶液界面上的吸附作用。
2. 测定活性炭吸附醋酸溶液的饱和吸附量，并计算活性炭的比表面积。
3. 验证 Freundlich 经验公式和 Langmuir 吸附等温式。

二、实验原理

吸附即物质在两相界面上浓度自动发生变化的现象。一般比表面大的多孔性物质在溶液中均具有较强的吸附能力，如硅胶、分子筛、活性炭等。具有吸附能力的物质称为吸附剂，被吸附的物质称为吸附质。吸附能力的大小通常用吸附量 Γ 表示，吸附量 Γ 通常用单位质量的吸附剂所吸附溶质的物质的量表示，单位为 $mol \cdot g^{-1}$。在一定温度下，吸附量 Γ 与溶质的平衡浓度 c 之间的关系可用 Freundlich 经验公式表示：

$$\Gamma = \frac{x}{m} = kc^{\frac{1}{n}} \tag{4-19-1}$$

式中：m 为吸附剂的质量；x 为吸附质的物质的量；c 为吸附平衡时溶液中吸附质的平衡浓度；k 和 n 为与温度和系统有关的经验常数，可由实验测定。

将式(4-19-1)两边取对数，可得：

$$\lg\Gamma = \frac{1}{n}\lg c + \lg k \tag{4-19-2}$$

以 $\lg\Gamma$ 对 $\lg c$ 作图得一直线，由直线的斜率和截距即可求出经验常数 n 和 k。

在一定温度下，吸附量 Γ 与吸附质的平衡浓度 c 之间的关系也可用 Langmuir 单分子层理论吸附等温式表示：

$$\Gamma = \Gamma_\infty \frac{cK}{1 + cK} \tag{4-19-3}$$

式中：Γ_∞ 为饱和吸附量，其相当于固体表面铺满单分子层吸附质时的吸附量；c 为吸附平衡时溶液中吸附质的平衡浓度；K 为吸附系数。将式(4-19-3)重新整理可得：

$$\frac{c}{\Gamma} = \frac{1}{\Gamma_\infty}c + \frac{1}{\Gamma_\infty K} \tag{4-19-4}$$

以 c/Γ 对 c 作图得一直线，由直线的斜率和截距可求得饱和吸附量 Γ_∞ 和 K。

假定吸附质分子在吸附剂表面上是直立的，每个醋酸分子所占的面积以 $24.3 \times 10^{-20}\ m^2$ 计算，根据 Γ_∞ 的数值即可求算吸附剂的比表面积 S_0（单位为 $m^2 \cdot g^{-1}$）：

$$S_0 = \frac{\Gamma_\infty \times 6.02 \times 10^{23} \times 24.3}{10^{20}} \tag{4-19-5}$$

本实验测定活性炭吸附醋酸溶液的饱和吸附量，其吸附量可根据吸附前后醋酸溶液浓度的变化来计算：

$$\Gamma = \frac{(c_0 - c)V}{m} \tag{4-19-6}$$

式中：m 为吸附剂的质量；V 为溶液的体积；c_0 为醋酸的起始浓度；c 为醋酸的平衡浓度。

本实验根据测得活性炭吸附醋酸溶液的饱和吸附量，代入式(4-19-5)中即可求出活性炭的比表面积。

三、仪器与试剂

仪器：调速多用振荡器 1 台；千分之一电子天平 1 台；烧杯（$100cm^3$）4 个；$250cm^3$ 具塞磨口锥形瓶 6 个；$250cm^3$ 锥形瓶 6 个；移液管（$100cm^3$）1 支；移液管（$50cm^3$）2 支；移液管（$25cm^3$）2 支；移液管（$20cm^3$）1 支；移液管（$10cm^3$）1 支；两用滴定管（$50cm^3$）1 支；称量瓶 1 只。

试剂：经过活化的颗粒活性炭；HAc 溶液（$0.4mol \cdot dm^{-3}$）、HAc 溶液（$0.04mol \cdot dm^{-3}$）；NaOH 溶液（$0.1mol \cdot dm^{-3}$）；酚酞指示剂。

四、实验步骤

1. 配制并标定 $0.4mol \cdot dm^{-3}$ (c_1)、$0.04mol \cdot dm^{-3}$ (c_2) HAc 溶液和 $0.1mol \cdot dm^{-3}$ 的 NaOH 标准溶液。（实验室准备）

2. 在 6 个洁净、干燥且编号的 $250cm^3$ 具塞磨口锥形瓶中，分别用移液管按照表 4-19-1 配制不同浓度的醋酸溶液，在配制过程中一定注意不能移错两个不同浓度的醋酸溶液。

表 4-19-1　不同浓度醋酸溶液的配制　　单位：cm^3

编号	1	2	3	4	5	6
$V(0.4mol \cdot dm^{-3} HAc)$	0	0	0	25	50	100
$V(H_2O)$	75	50	0	75	50	0
$V(0.04mol \cdot dm^{-3} HAc)$	25	50	100	0	0	0

3. 用称量瓶在千分之一电子天平上精确称量 6 份约 1g(精确到 0.001g)预处理好的活性炭，分别置于 6 个洁净、干燥且编号的 $250cm^3$ 装有醋酸溶液的具塞磨口锥形瓶中。

4. 将装有醋酸溶液的具塞磨口锥形瓶置于调速振荡器上，打开调速振荡器，调节定时旋钮为 1h，最后慢慢开启调速旋钮，使其在合适的速度下室温振荡 1h，以保证吸附质达到吸附平衡。

5. 待吸附达到平衡后，将装有醋酸溶液的具塞磨口锥形瓶从调速振荡器上取下，并将其放置在实验桌面上进行静置，待溶液基本澄清后，用移液管按表 4-19-2 分别移取相应体积的上部清液，置于洁净、干燥且编号的 $250cm^3$ 锥形瓶中待滴定。

表 4-19-2　移取上部清液的体积

编号	1	2	3	4	5	6
V/cm^3	40	40	20	20	10	10

6. 用标准的 NaOH 溶液($0.1mol \cdot dm^{-3}$)分别滴定醋酸的平衡浓度 c，各编号样品的起始浓度可根据 c_0 进行求算。

7. 实验完毕，将滴定管里剩余 NaOH 溶液和具塞磨口锥形瓶里的溶液，均倒入废液瓶中，切记不可将活性炭倒入水槽中。洗净并烘干具塞磨口锥形瓶和烧杯，且摆放整齐，将调速多用振荡器的定时和调速旋钮均关上，再关掉电源开关，拔掉其电源插头。

五、注意事项

1. 注意移液管和滴定操作的规范性。
2. 实验前必须检查具塞磨口锥形瓶是否洁净、干燥。
3. 在配置 6 个不同浓度的 HAc 溶液时，切忌不要弄错 HAc 原始溶液的浓度。
4. 振荡速度不可太快，以免溶液溅出，但也不可以太慢，否则难以达到吸附平衡。
5. 滴定用的锥形瓶在使用前一定要用蒸馏水清洗干净。
6. 滴定时要注意滴定终点的准确控制。

六、数据记录与处理

1. 将实验数据填入表 4-19-3 中。

表 4-19-3 实验数据记录表

室温：________ 大气压：________

$c(NaOH)$：________ $c_1(HAc)$：________ $c_2(HAc)$：________

编号	1	2	3	4	5	6
m(活性炭)/g						
$V(NaOH)/cm^3$						
$c_0(HAc)/(mol \cdot dm^{-3})$						
$c(HAc)/(mol \cdot dm^{-3})$						
$\Gamma/(mol \cdot g^{-1})$						
$(c/\Gamma)/(g \cdot dm^{-3})$						
$\lg\Gamma$						
$\lg c$						

2. 以吸附量 Γ 为纵坐标，HAc 平衡浓度 c 为横坐标，绘制吸附等温线 Γ-c 曲线。
3. 以 $\lg\Gamma$ 对 $\lg c$ 作图得一直线，由直线的斜率和截距求 Freundlich 经验常数 n 和 k。
4. 以 c/Γ 对 c 作图得一直线，由直线的斜率和截距求饱和吸附量 Γ_∞。
5. 根据饱和吸附量 Γ_∞，求算活性炭的比表面积 S_0。

七、思考题

1. 比较 Freundlich 吸附等温式和 Langmuir 吸附等温式的优缺点。

2. 应用 Langmuir 吸附等温式计算活性炭的比表面积，是属于物理吸附还是化学吸附？

3. 在本实验中为了节省时间，如果振荡器一次放不下全部样品，那么，你认为应先放浓度低的还是先放浓度高的样品去振荡？为什么？

4. 从锥形瓶里取样分析时，若不小心吸入了少量的活性炭，对实验结果有什么样的影响？

实验二十　黏度法测定高聚物的摩尔质量

一、实验目的

1. 掌握用乌氏黏度计测定黏度的实验方法。

2. 掌握黏度法测高聚物摩尔质量的基本原理。

二、实验原理

高聚物的摩尔质量不仅反映了高聚物分子的大小，而且直接影响到它的物理性能，是一个重要的基本参数。高聚物是分子大小不等的混合物，因此高聚物的摩尔质量是一个平均值。高聚物摩尔质量的测定方法很多，其中黏度法因其设备简单、操作方便、精确度较高等优点，而被经常使用。

黏度是液体流动时内摩擦力大小的反映。当液体受到外力作用产生流动时，在流动着的液体层之间存在着切向内部摩擦力 f，其大小与两液层的接触面积 A 和流动速率梯度 $\frac{\mathrm{d}v}{\mathrm{d}r}$ 成正比，即：

$$f = \eta A \frac{\mathrm{d}v}{\mathrm{d}r} \tag{4-20-1}$$

式中：比例系数 η 称为黏度系数或黏度(Pa·s)。

高聚物溶液的黏度反映了高聚物分子间的内摩擦力、高聚物分子与溶剂分子间的内摩擦力以及溶剂分子间的内摩擦力 3 者。纯溶剂的黏度反映了溶剂分子间的内摩擦力。在相同的温度下，一般来说，高聚物溶液的黏度 η 大于纯溶剂的黏度 η_0，定义高聚物溶液黏度比纯溶剂黏度增大的分数为增比黏度 η_{sp}，即：

$$\eta_{sp} = \frac{\eta - \eta_0}{\eta_0} = \eta_r - 1 \tag{4-20-2}$$

式中：η_r 称为相对黏度，即为溶液黏度与纯溶剂黏度的比值；η_{sp} 已扣除了溶剂分子间的内摩擦力，仅包含高聚物分子与溶剂分子间的内摩擦力，以及高聚物分子间的内摩擦力。

对于高聚物溶液，增比黏度 η_{sp} 往往随溶液浓度 c 的增大而增加。当溶液无限稀释时，可忽略高聚物分子间的相互作用，此时则有关系式：

$$\lim_{c\to 0} \frac{\eta_{sp}}{c} = \lim_{c\to 0} \frac{\ln\eta_r}{c} = [\eta] \tag{4-20-3}$$

式中：$[\eta]$ 称为特性黏度，反映高聚物分子与溶剂分子之间的内摩擦，其数值取决于溶剂的性质以及高聚物分子的大小和形态，可通过作图的方法得到。即通过$\frac{\eta_{sp}}{c}$对c、$\frac{\ln\eta_r}{c}$对c作图，线性外推至$c\to0$时所得的截距即为$[\eta]$。对于同一高聚物，这两种作图外推所得截距应交于同一点，如图 4-20-1 所示。

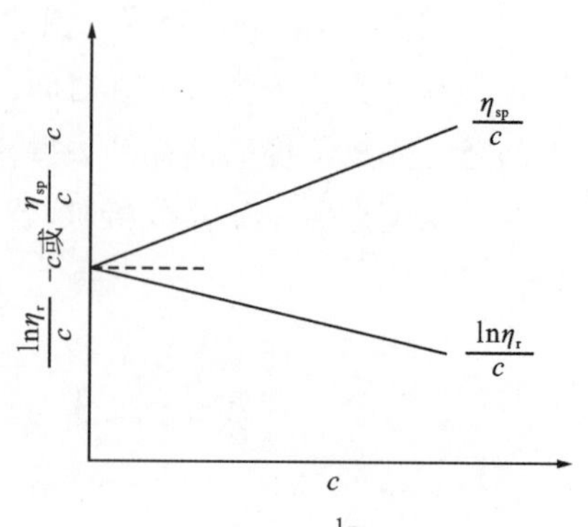

图 4-20-1　$\frac{\eta_{sp}}{c}$-c 与$\frac{\ln\eta_r}{c}$-c 关系图

实验表明，在一定温度和相同溶剂条件下，特性黏度$[\eta]$的数值只与高聚物的平均摩尔质量M有关，对于线性的、聚合度不太低的聚合物，通常满足马克-豪温(Mark-Houwink)经验方程：

$$[\eta]=KM^{\alpha} \tag{4-20-4}$$

式中：K和α是与温度、高聚物及溶剂性质有关的常数。K值对温度较为敏感，α值取决于高聚物分子链在溶剂中的舒展程度，其数值介于 0.5～1 之间。K与α的数值可通过渗透压法、光散射法等确定。对于聚乙烯醇的水溶液，在 25℃时，$K=2\times10^{-2}\,cm^3\cdot g^{-1}$，$\alpha=0.76$；在 30℃时，$K=6.65\times10^{-2}\,cm^3\cdot g^{-1}$，$\alpha=0.64$。

本实验采用 3 管乌氏黏度计(图 4-20-2)测定溶液黏度，其相对于双管奥氏黏度计最大的优点是溶液的体积对测定结果无影响，可直接在黏度计内稀释从而得到不同浓度的溶液。

当液体在重力作用下流经乌氏黏度计的毛细管时，遵守 Poiseuille 定律：

$$\frac{\eta}{\rho}=\frac{\pi hgr^4t}{8Vl}-m\frac{V}{\pi lt} \tag{4-20-5}$$

式中：η为液体的黏度；ρ为液体的密度；l为毛细管的长度；r为毛细管的半径；t为流出时间；h为流过毛细管液体的平均液柱高度；V为流经毛细管的液体体积；m为毛细管末端校正的参数。

对于指定的同一黏度计而言，式(4-20-5)可写成：

$$\frac{\eta}{\rho}=At-\frac{B}{t} \tag{4-20-6}$$

式中：$B<1$，当流出时间t大于 100s，该项可以从略。在测定溶液和溶剂的相对黏度时，稀溶液的密度与溶剂的密度可近似地看作相等，因此相对黏度可以表示为：

$$\eta_r=\frac{\eta}{\eta_0}=\frac{t}{t_0} \tag{4-20-7}$$

图 4-20-2　乌氏黏度计示意图

式中：η、η_0分别为溶液和纯溶剂的黏度；t和t_0分别为溶液和纯溶剂的流出时间。

三、仪器与试剂

仪器：玻璃恒温槽 1 套；恒温水浴 1 套；秒表 1 块；乌氏黏度计 1 支；移液管($10cm^3$)2 支；移液管($5cm^3$)1 支；锥形瓶 1 个；容量瓶($50cm^3$)1 只；量筒($50cm^3$)1 只；烧杯($50cm^3$)1 个；三号玻璃砂芯漏斗 1 只；洗耳球 1 个；夹子 1 个；软胶管(约 5cm 长)2 根。

试剂：聚乙烯醇(A. R.)；正丁醇(A. R.)；蒸馏水。

四、实验步骤

1. 溶液的配制。用分析天平准确称取约 0.5g 聚乙烯醇于 $50cm^3$ 的烧杯中，用量筒加入约 $30cm^3$ 蒸馏水，在水浴锅中稍加热使其完全溶解(温度不宜高于 60℃)。溶液冷却后，小心地转移至 $50cm^3$ 的容量瓶中，滴几滴正丁醇(起消泡作用)，加水至容量瓶的刻度处。用三号玻璃砂芯漏斗过滤(因溶解、过滤较慢，这一工作可由实验室预先完成)。

2. 恒温槽准备。调节恒温槽温度至(30.0±0.1)℃。液体黏度对温度极其敏感，若恒温槽保温效果不好，可以通过开空调使实验室温度接近恒温槽设定温度，以改善实验结果。

3. 取洁净、干燥的乌氏黏度计 1 支，分别在 B 管和 C 管接上软胶管，然后竖直地夹在恒温槽的中部位置，使水面完全浸没 G 球。乌氏黏度计非常容易破损，固定时只能夹 a 管，夹子不能触碰 b 管或 c 管。

4. 溶液流出时间的测定。用移液管吸取 $10.00cm^3$ 聚乙烯醇水溶液，由 A 管注入黏度计中，恒温 10min 后进行测定。在另一 30℃水浴锅中恒温蒸馏水 $50cm^3$。

夹子夹紧 C 管上的软胶管使之不通大气，用洗耳球将溶液抽至 G 球中部，夹紧 B 管口，然后解去 C 管夹子使其通大气，此时 D 球内的溶液即回落入 F 球。松开 B 管口使溶液流经毛细管，当液面流经刻度 a 时，立即按秒表记时，当液面降至刻度 b 时停止计时，测得刻度 a、b 之间的液体流经毛细管所需时间。测试液体流出时间时需确认黏度计保持竖直状态。重复这一操作 2 次，两次流出时间相差应不大于 0.3s，否则需测第 3 次。

然后依次由 A 管用移液管加入 $5.00cm^3$、$5.00cm^3$、$10.00cm^3$、$10.00cm^3$ 已在 30℃下恒温的蒸馏水，将溶液稀释为初始浓度的 2/3、1/2、1/3、1/4。每次加入蒸馏水稀释后，需等待恒温 10min，等待期间可堵住 C 管口，用洗耳球从 B 管处挤压溶液多次以混合溶液，然后从 B 管处抽吸润洗黏度计的毛细管及其上端的 E 球和 G 球至少 2 次，使黏度计内溶液各处的浓度相等。用上述相同的方法测定每份溶液流经毛细管的流出时间 2 次，要求同上。

5. 溶剂流出时间的测定。倒出溶液，用蒸馏水清洗整个乌氏黏度计 3 次以上(尤其注意毛细管和小球部分)。用移液管吸取 $10.00cm^3$ 溶剂(蒸馏水)注入黏度计，采用相同的方法测定其流出时间。若测溶液流出时间时加入了消泡剂，则测纯水流出时间时须加等量的消泡剂。

6. 实验完毕，认真多次清洗黏度计和移液管，黏度计洗净后放入烘箱烘干。

五、注意事项

1. 温度波动直接影响溶液黏度的测定，国家规定用黏度法测定高聚物摩尔质量的恒温槽温度波动为±0.05℃。

2. 黏度计必须洁净、干燥，做实验之前应该彻底洗净，放在烘箱中干燥备用。

3. 抽吸液体必须缓慢，避免产生气泡，也可在聚乙烯醇溶液中加入几滴正丁醇消泡。

4. 高聚物在溶剂中溶解缓慢，配置溶液时必须保证其完全溶解，否则会影响溶液初始浓度。

5.如果$\frac{\eta_{sp}}{c}$-c和$\frac{\ln\eta_r}{c}$-c两条线外推无法与y轴交于同一点，则以直线$\frac{\eta_{sp}}{c}$-c与y轴的交点为准。

6.聚乙烯醇的用量要根据其摩尔质量而定，使溶液对溶剂的相对黏度在1.2～2.0为适宜。如果溶液的相对黏度偏小，则增比黏度η_{sp}的相对误差较大。如果溶液的相对黏度偏大，则溶液浓度太大，所得图的线性不好，外推结果不可靠。

六、数据记录及处理

1.将所测的实验数据及计算结果填入表4-20-1中。

表4-20-1 实验数据记录表

室温/℃：________ 大气压：________

恒温温度/℃：____±____ 原始溶液浓度c_0/(g·cm^{-3})：________

c/(g·cm^{-3})	t_1/s	t_2/s	t_3/s	t/s	η_r	η_{sp}	$\frac{\eta_{sp}}{c}$	$\frac{\ln\eta_r}{c}$
0					/	/	/	/
c_0								
$2c_0/3$								
$c_0/2$								
$c_0/3$								
$c_0/4$								

2.作$\frac{\eta_{sp}}{c}$-c及$\frac{\ln\eta_r}{c}$-c图，并外推到$c\to0$由截距求出[η]。

3.计算聚乙烯醇的平均摩尔质量。

七、思考题

1.乌氏黏度计中支管C有何作用？本实验能否采用双管黏度计？

2.总结影响本实验测定结果的关键因素。

3.评价黏度法测定高聚物摩尔质量的优缺点。

4.黏度计毛细管的粗细对测定结果有何影响？

实验二十一　电导率法测定表面活性剂的临界胶束浓度

一、实验目的

1.用电导率法测定十二烷基硫酸钠的临界胶束浓度。

2.了解表面活性剂的结构特点及其基本性质。

二、实验原理

表面活性剂是指只要少量地加入到溶剂中即可显著降低溶液表面张力的物质。表面活性剂的共同特点是分子结构的不对称性，其通常由极性的亲水基（如$-OH$、$-COOH$、$-COO^-$、$-SO_3H$等）和非极性的憎水基，或称为亲油基（如碳氢链或碳环等）两部分构成。因此，表面活性剂分子也称为“两亲分子”。表面活性剂按化学结构通常可分为三大类：①阴离子型表面活性剂，包括羧酸盐（如肥皂）、烷基硫酸盐（如十二烷基硫酸钠）、烷基磺酸盐（如十二烷基苯磺酸钠）等；②阳离子型表面活性剂，主要是胺盐，如十二烷基二甲基叔胺和十二烷基二甲基氯化胺等；③非离子型表面活性剂，如聚氧乙烯类。

当表面活性剂溶入水时，其亲水基有进入水相的趋势，而憎水基则有指向气相或者油相的趋势，当两种趋势的竞争达到平衡时，表面活性剂分子就趋附在两相界面上形成定向排列，使空气和水的接触面减少，导致水的表面张力显著降低。因为表面张力有自动降低到最小值的趋势，因此表面活性剂在溶液表面的定向排列是一个自发进行的过程。当表面活性剂在水中的浓度达到一定值时，不但液面上聚集的表面活性剂增多而形成定向排列的紧密单分子层，而且溶液体相内部的表面活性剂也会自动排列成非极性的憎水基向里、极性的亲水基向外的多分子聚集体，这种多分子聚集体称为胶束。通常将表面活性剂形成胶束的最低浓度称为临界胶束浓度，用符号 CMC 表示。临界胶束浓度可用各种不同的方法进行测定，采用的方法不同，测得的 CMC 也有一些差别，因此一般数据表中所给的 CMC 值是一个临界胶束浓度的范围。在临界胶束浓度时，溶液的性质（如表面张力、电导率、渗透压、浊度、光学性质等）与浓度的关系曲线会出现明显的转折，如图 4-21-1 所示。该现象是测定 CMC 的实验依据。

本实验利用电导率仪测定不同浓度的十二烷基硫酸钠水溶液的电导率（也可换算成摩尔电导率），并绘制电导率（或摩尔电导率）与浓度的关系曲线，从图 4-21-2 中的转折点即可求得十二烷基硫酸钠的临界胶束浓度。

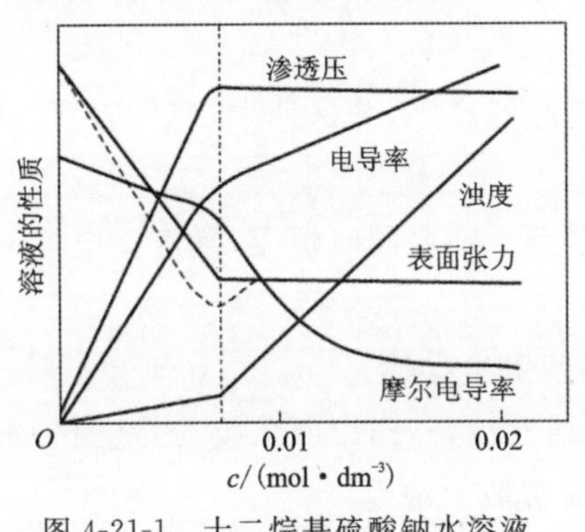

图 4-21-1　十二烷基硫酸钠水溶液性质与浓度的关系

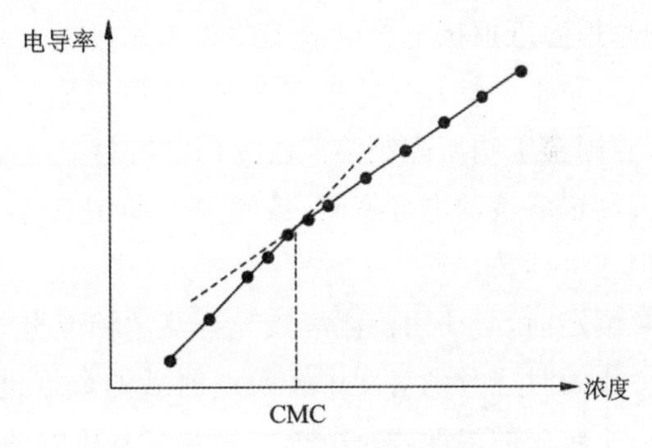

图 4-21-2　十二烷基硫酸钠水溶液电导率与浓度的关系

三、仪器与试剂

仪器：电导率仪 1 台（附带铂黑电导电极 1 支）；容量瓶（$100cm^3$）14 个；万分之一电子天平

1台；超级恒温器1套；烧杯($100cm^3$)14个；玻璃棒1支；滴管若干。

试剂：十二烷基硫酸钠(A.R.)；重蒸馏水。

四、实验步骤

1. 将十二烷基硫酸钠在80℃烘箱中烘干3h(由实验室准备)。

2. 打开电导率仪预热20min，调节超级恒温水浴温度至25℃、30℃或其他温度。

3. 用洁净干燥的$100cm^3$烧杯在万分之一电子天平上准确称取一定量的十二烷基硫酸钠(质量根据其摩尔质量和所需的物质的量进行计算)，用少量的重蒸馏水完全溶解后(溶解时注意不要强烈搅拌，以免产生大量气泡；如果无法溶解，可以在水浴锅中稍微加热助溶)，转移到洁净的容量瓶里准确配制$0.002mol \cdot dm^{-3}$、$0.003mol \cdot dm^{-3}$、$0.004mol \cdot dm^{-3}$、$0.005mol \cdot dm^{-3}$、$0.006mol \cdot dm^{-3}$、$0.007mol \cdot dm^{-3}$、$0.008mol \cdot dm^{-3}$、$0.009mol \cdot dm^{-3}$、$0.010mol \cdot dm^{-3}$、$0.012mol \cdot dm^{-3}$、$0.014mol \cdot dm^{-3}$、$0.016mol \cdot dm^{-3}$、$0.018mol \cdot dm^{-3}$、$0.020mol \cdot dm^{-3}$的十二烷基硫酸钠溶液各$100cm^3$。

4. 用电导率仪从稀到浓依次测定上述各十二烷基硫酸钠溶液的电导率。即在洁净干燥的电导池中倒入一定浓度的十二烷基硫酸钠溶液，并将其固定在超级恒温水浴中，插入铂黑电导电极(液面应至少高出铂黑片1cm)并接通电导率仪，溶液恒温10min以上(铂黑电导电极也应插入待测溶液中一起恒温)，待电导率达到稳定值后，读数并准确记录电导率数值。注意测量前，需用待测溶液荡洗铂黑电导电极和电导池2次。

5. 实验结束后，洗净并烘干电导池，将铂黑电导电极浸泡在蒸馏水中，关闭电导率仪和超级恒温器的电源开关，并整理好实验仪器及实验台。

五、注意事项

1. 铂黑电导电极不使用时应浸泡在去离子水中，使用前需用滤纸轻轻吸干外表面附着的水，切忌用滤纸擦拭电导电极上的铂黑片。

2. 配制十二烷基硫酸钠溶液时，要尽可能防止气泡的产生，并保证十二烷基硫酸钠完全溶解，否则会影响所配制溶液浓度的准确性。

3. 测定溶液的电导率时，被测溶液和铂黑电导电极一定要同时恒温，且直至电导率达到稳定值才可读数。

4. 测定前，必须用待测溶液充分荡洗铂黑电导电极和电导池。

5. 作图时应分别对图中转折点前后的数据进行线性拟合，作出两条直线，这两条直线的相交点所对应的浓度才是所求的十二烷基硫酸钠的临界胶束浓度。

六、数据记录与处理

1. 将所测电导率的实验数据记录在表4-21-1中。

表 4-21-1 实验数据记录表

室温:__________ 实验温度:__________ 大气压:__________

浓度/(mol·dm^{-3})	0.002	0.003	0.004	0.005	0.006	0.007	0.008
电导率/(S·cm^{-1})							
浓度/(mol·dm^{-3})	0.009	0.010	0.012	0.014	0.016	0.018	0.020
电导率/(S·cm^{-1})							

2. 绘制电导率与浓度的关系曲线图,即 κ-c 图,根据图中转折点准确得到十二烷基硫酸钠的临界胶束浓度 CMC 值。

七、思考题

1. 非离子型表面活性剂能否用本实验方法测定临界胶束浓度? 为什么? 若不能,则可用何种方法测定?

2. 本实验中影响临界胶束浓度测定结果的主要因素有哪些?

实验二十二 偶极矩的测定

一、实验目的

1. 了解偶极矩与分子电性质的关系。

2. 掌握溶液法测定偶极矩的基本原理和实验方法。

3. 掌握用比重瓶测定液体密度的方法。

二、实验原理

1. 偶极矩与极化度。

分子可近似地看成是由电子云和分子骨架(原子核及内层电子)构成的。分子本身呈电中性,但由于其空间构型的不同,正、负电荷中心可重合也可不重合,前者称为非极性分子,后者称为极性分子。分子极性大小常用偶极矩 μ 来度量,其定义为:

$$\mu = qd \tag{4-22-1}$$

式中:q 为正负电荷中心所带的电荷;d 为正负电荷中心之间的距离。规定从正电荷中心到负电荷中心为偶极矩 μ 的方向。分子偶极矩的单位一般采用 Debye(D),1D=3.335 64×10^{-30}C·m。

极性分子具有永久偶极矩。若将极性分子置于均匀的外电场中,则偶极矩会趋向于电场方向排列,称为取向极化,用摩尔取向极化度 $P_{取向}$ 来衡量。在外电场作用下,极性分子和非极性分子都会发生电子云对分子骨架的相对移动,分子骨架会发生变形,这种现象称为诱导极化或变形极化,用摩尔诱导极化度 $P_{诱导}$ 来衡量,其由电子的摩尔诱导极化度 $P_{电子}$ 和原子核的摩尔诱导极化度 $P_{原子}$ 两部分组成,即 $P_{诱导}=P_{电子}+P_{原子}$。

外电场若是交变电场，则极性分子的极化与交变电场的频率有关。当电场的频率小于 $10^{10}\,s^{-1}$ 的低频电场或静电场时，极性分子总体的摩尔极化度 $P=P_{取向}+P_{电子}+P_{原子}$；而在电场频率为 $10^{12}\sim10^{14}\,s^{-1}$ 的中频电场下（即红外光区），极性分子的转向运动落后于电场变化，则 $P=P_{电子}+P_{原子}$；当交变电场的频率大于 $10^{15}\,s^{-1}$ 时（即可见光和紫外光区），极性分子的转向运动和分子骨架变形都落后于电场的变化，此时 $P=P_{电子}$。

因此，原则上只要在低频电场和中频电场下分别测得极性分子的摩尔极化度 P，两者相减即可得到极性分子的摩尔取向极化度 $P_{取向}$。

摩尔取向极化度满足：

$$P_{取向}=\frac{4}{9}\pi L\frac{\mu^2}{kT} \tag{4-22-2}$$

式中：k 为玻尔兹曼常数；L 为阿伏加德罗常数；T 为开尔文温度。通过式(4-22-2)可计算出极性分子的永久偶极矩 μ。

2. 摩尔极化度的测定。

对于分子间相互作用很小或无相互作用的系统，分子的摩尔极化度 P 与介电常数ε之间的关系为：

$$P=\frac{\varepsilon-1}{\varepsilon+2}\cdot\frac{M}{\rho} \tag{4-22-3}$$

式中：M 为物质的摩尔质量；ρ 为物质的密度。

由于在中频电场下的摩尔极化度实验测定较为困难，且 $P_{原子}$ 只占 $P_{诱导}$ 中的 5%～15%，所以通常将高频电场下测得的摩尔极化度近似当作 $P_{诱导}$。根据光的电磁理论，在同一频率的高频电场作用下，透明物质的介电常数ε与折射率 n 的关系为：$\varepsilon=n^2$。因此，常用摩尔折射度 R_2来表示高频区测得的摩尔极化度：

$$R_2=P_{电子}=\frac{n^2-1}{n^2+2}\cdot\frac{M}{\rho} \tag{4-22-4}$$

因此：

$$\mu=\sqrt{\frac{9kT}{4\pi L}(P-R_2)}=0.012\,8\sqrt{(P-R_2)T}(D) \tag{4-22-5}$$

式中：D 表示偶极矩，以 Debye 为单位。

上述测定摩尔极化度的方法称为折射法，是假定分子间无相互作用而推导出的，只适用于温度不太低的气相系统。因为测定气相介电常数和密度在实验上较困难，所以提出溶液法来解决这一难题。溶液法是将极性待测物溶于非极性溶剂中进行测定，然后外推到无限稀释的情况。它的基本依据为，在无限稀释的非极性溶剂所形成的溶液中，溶质分子所处的状态与其在气相时相近。因此，分子的偶极矩为：

$$\mu=0.012\,8\sqrt{(P^{\infty}-R_2^{\infty})T}(D) \tag{4-22-6}$$

对于稀溶液有如下近似公式：

$$P^{\infty}=\lim_{x_2\to0}P=\frac{3\alpha\,\varepsilon_1}{(\varepsilon_1+2)^2}\cdot\frac{M_1}{\rho_1}+\frac{\varepsilon_1-1}{\varepsilon_1+2}\cdot\frac{M_2-\beta M_1}{\rho_1} \tag{4-22-7}$$

$$R_2^{\infty}=\lim_{x_2\to 0}R_2=\frac{6n_1^2\gamma}{(n_1^2+2)^2}\cdot\frac{M_1}{\rho_1}+\frac{n_1^2-1}{n_1^2+2}\cdot\frac{M_2-\beta M_1}{\rho_1} \tag{4-22-8}$$

式中：下标1表示溶剂；下标2表示溶质；ε、ρ、n分别表示介电常数、密度（$g\cdot cm^{-3}$）和折射率；x为物质的量分数；M为摩尔质量（$g\cdot mol^{-1}$）；α、β、γ为与直线斜率有关的常数，可通过稀溶液的近似公式求得：

$$\varepsilon_{溶液}=\varepsilon_1(1+\alpha x_2) \tag{4-22-9}$$

$$\rho_{溶液}=\rho_1(1+\beta x_2) \tag{4-22-10}$$

$$n_{溶液}=n_1(1+\gamma x_2) \tag{4-22-11}$$

3.介电常数的测定。

介电常数是通过测定电容，并由定义$\varepsilon=C_{样品}/C_0$计算而得到的，其中$C_{样品}$是充以介电常数为ε的介质时的电容，C_0是真空电容。由于空气的电容非常接近C_0，实验上通常以空气电容$C_{空}$代替C_0，即：

$$\varepsilon=\frac{C_{样品}}{C_{空}} \tag{4-22-12}$$

实测电容C'是样品电容$C_{样品}$与分布电容C_d两者之和，即$C'=C_{样品}+C_d$。对于同一台仪器和同一电容池，在相同的实验条件下，C_d基本上是定值，故可用一已知介电常数的标准物质对电容池进行校正，以求得C_d。校正方法是：先测定空气的实测电容$C'_{空}$，再测定标准物质的实测电容$C'_{标}$，有：

$$C'_{空}=C_{空}+C_d \tag{4-22-13}$$

$$C'_{标}=C_{标}+C_d\approx\varepsilon_{标}C_{空}+C_d \tag{4-22-14}$$

$$C_d=\frac{\varepsilon_{标}C'_{空}-C'_{标}}{\varepsilon_{标}-1} \tag{4-22-15}$$

本实验采用环己烷作为标准物质，其介电常数与温度的关系为：

$$\varepsilon_{标}=2.023-1.6\times10^{-3}\times(t-20) \tag{4-22-16}$$

三、仪器与试剂

仪器：PGM-Ⅱ数字小电容测试仪1台；阿贝折射仪1台；万分之一电子天平1台；电吹风1把；比重瓶1只；容量瓶（$25cm^3$）4只；烧杯（$50cm^3$）3只；移液管（$5cm^3$）1支；胶头吸管5支。

试剂：乙酸乙酯（A.R.）；环己烷（A.R.）。

四、实验步骤

1.溶液的配制。

洗净、烘干、称量4支$25cm^3$容量瓶，用称量法配制乙酸乙酯的摩尔分数分别为0.05、0.10、0.15、0.20的4种乙酸乙酯-环己烷溶液各$25cm^3$，配制这4种溶液所需乙酸乙酯的大致体积分别为$1.15cm^3$、$2.30cm^3$、$3.45cm^3$、$4.60cm^3$。称量法配制溶液时，可在已称量的容量瓶中先注入部分环己烷，再注入定量的乙酸乙酯，然后定容称量，也可先注入定量的环己烷，再注入定量的乙酸乙酯。操作时注意仪器需洁净且干燥，溶液配好后必须迅速盖上瓶塞，以防止溶质、溶剂的挥发和吸收空气中的水蒸气。

2. 液体密度的测定。

用比重瓶测定液体密度。以实验温度下水的密度(查表)作为标准,分别测定纯环己烷及4个不同浓度溶液的密度。具体操作为:①洗净、烘干比重瓶及其瓶塞,称量得 m_0;②在比重瓶中加满环己烷或溶液,盖上瓶塞,液体从毛细管中溢出,快速用滤纸擦干比重瓶外壁(不要擦毛细管顶部),称量得 m_1;③烘干比重瓶及瓶塞,加满去离子水,按上法称量得 m_2。液体的密度 ρ 可由实验温度下水的密度 $\rho_{水}$ 求得:

$$\rho = \frac{m_1 - m_0}{m_2 - m_0}\rho_{水}$$

注意:有机物极易挥发,质量不会恒定不变,因此一份有机液体需重复测试3次取平均值。比重瓶中的样品可供测试折射率和电容用。测完一个样品的密度、折射率和电容后,再依次测下一个样品的比重、折射率和电容。

3. 折射率的测定。

从比重瓶中取样,分别测定环己烷和4个溶液的折射率。

4. 电容的测定。

(1)采零。将数字小电容测试仪通电预热5min,然后按"采零"键,以清除仪表系统零位漂移(此时不能连接电容池)。

(2)测量空气的电容。连接好电容仪和电容池,此时仪器的稳定示数即为空气的实测电容 $C'_{空}$。

(3)测量标准物质的电容。打开电容池上盖,用吸管往样品杯内加入环己烷至刻度线,迅速盖好上盖,待电容示数稳定后,记录数据即为标准物质的实测电容 $C'_{标}$。

(4)测量样品的电容。用滴管吸尽电容池样品杯内的样品至回收瓶,用电吹风吹干样品杯和上盖,并盖好上盖重测 $C'_{空}$,其数据与前面测试的 $C'_{空}$ 值相差应小于0.02pF。随后用上述方法依次测量各溶液的电容(从比重瓶中取样)。注意每次加入样品杯中的样品量必须严格相等。

五、注意事项

1. 乙酸乙酯和环己烷均易挥发,所以配制溶液速度要尽可能快。

2. 配制溶液的器具需要洁净且干燥,溶液应透明不发生浑浊。定容后要充分摇匀。

3. 溶液需随时盖上盖子,以防其挥发。

六、数据记录与处理

1. 将实验数据填入表4-22-1中。

2. 计算各溶液的密度和介电常数。

3. 基于纯溶剂和4份溶液的数据,分别以介电常数、密度和折射率对乙酸乙酯物质的量分数作图,线性拟合直线求斜率 α、β、γ。

表 4-22-1　实验数据记录表

实验温度：＿＿＿＿＿＿　m_0：＿＿＿＿＿＿　m_2：＿＿＿＿＿＿　$C'_{空}$：＿＿＿＿＿＿

样品	环己烷	溶液 1	溶液 2	溶液 3	溶液 4
容量瓶质量/g	/				
(容量瓶＋乙酸乙酯质量)/g	/				
(容量瓶＋乙酸乙酯＋环己烷质量)/g	/				
乙酸乙酯摩尔分数 x_2	0				
(比重瓶＋液体质量)/g					
折射率 n					
实测电容 C'/pF					

注：M(乙酸乙酯)＝88.11g・mol^{-1}，M(环己烷)＝84.16g・mol^{-1}。

4. 计算 P^{∞} 和 R_2^{∞}。

5. 计算乙酸乙酯的偶极矩，并与文献值相比较，求算测量误差(乙酸乙酯偶极矩的文献值为 1.78D)。

七、思考题

1. 准确测定溶质摩尔极化度和摩尔折射度时，为什么要外推至无限稀释？
2. 实验中误差产生的可能原因是什么，该如何改进？
3. 溶液法测得的溶质偶极矩与气相法测得的值存在偏差，造成这种现象的原因是什么？

实验二十三　磁化率的测定

一、实验目的

1. 掌握古埃(Gouy)法测定磁化率的基本原理和实验技术。
2. 通过测定一些配合物的磁化率，计算中心离子的未成对电子数，并判断 d 电子的排布情况和配位场的强弱。

二、实验原理

物质在外磁场 H 作用下会被磁化，并产生一附加磁场 H'，此时物质的磁感应强度 B 为：

$$B = \mu_0(H + H') = (1 + \chi)\mu_0 H \tag{4-23-1}$$

式中：χ 为物质的体积磁化率，表明单位体积物质的磁化能力，是量纲一的量；μ_0 为真空磁导率。化学中常用摩尔磁化率 χ_m(单位是 m^3・mol^{-1})表示物质的磁化能力：

$$\chi_m = \frac{\chi M}{\rho} \tag{4-23-2}$$

式中：ρ、M 分别为物质的密度和摩尔质量。

根据 χ 的特点将物质分为 3 类：$\chi<0$ 称为反磁性物质；$\chi>0$ 称为顺磁性物质；另外有少数物质的 χ 值与外磁场 H 有关，随外磁场强度的增加而急剧增强，且伴有剩磁现象，称为铁磁性物质(如铁、钴、镍等)。

物质的磁性与物质的微观结构有关。凡是原子或分子中电子自旋已配对的物质，一般是反磁性物质。大部分物质属于反磁性物质，原因是物质内部电子轨道运动受外磁场作用，感应出“分子电流”而产生与外磁场方向相反的诱导磁矩。一般说来，原子或分子中含电子数目较多，电子活动范围较大时，其反磁化率就较大。

凡原子、分子中具有自旋未配对电子的物质都是顺磁性物质，这些原子或分子均存在固有磁矩。由于热运动，固有磁矩指向各个方向的机会相同，所以固有磁矩的统计值等于零。在外磁场中，固有磁矩总是趋向顺着磁场方向定向排列，显示顺磁性，表现为顺磁性的物质。

对于顺磁性物质，顺磁化率 $\chi_{顺}$ 远大于反磁化率 $\chi_{反}$，因此可忽略反磁化率，近似有：

$$\chi_{\mathrm{m}} = \chi_{顺} = \frac{L\mu^2\mu_0}{3kT} \tag{4-23-3}$$

或变形如下：

$$\mu = \sqrt{\frac{3kT}{L\mu_0}\chi_{顺}} = 797.7\sqrt{\chi_{顺}\,T}\mu_{\mathrm{B}} \tag{4-23-4}$$

式中：μ_0 为真空磁导率；L 为阿伏加德罗常数；k 为波尔兹曼常数；T 为开尔文温度；μ_{B} 为玻尔磁子。

实验表明，对自由基或其他具有未成对电子的分子和某些第一族过渡元素离子，磁矩 μ 与未成对电子数 n 的关系为：

$$\mu = \mu_{\mathrm{B}}\sqrt{n(n+2)} \tag{4-23-5}$$

因此，通过实验测得物质的摩尔磁化率 χ_{m}，即可求出其磁矩 μ 及其未成对电子数 n，进而研究物质的内部结构。

本实验采用古埃法测定磁化率，实验装置如图 4-23-1 所示。将装有样品的圆柱形玻璃管

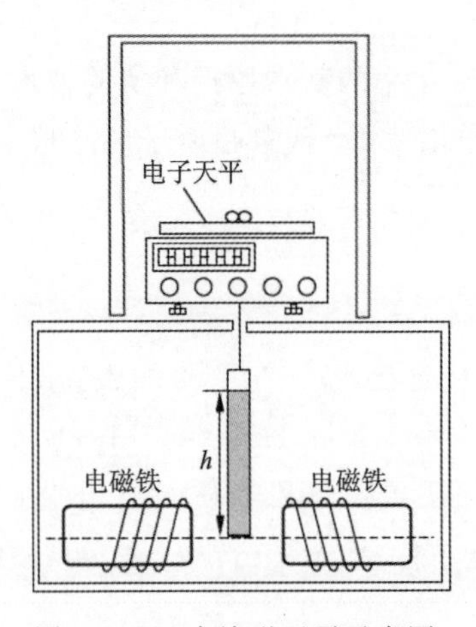

图 4-23-1　古埃磁天平示意图

悬挂在电磁铁两磁极中心，使样品管底部处于磁场强度最强的两磁极中心，即磁场强度最强处。样品的高度 h 需要达到一定值，以保证样品顶端的磁场强度为零。样品处于一非均匀的磁场中，沿样品竖直轴线方向 z 存在一磁场强度梯度 $\mathrm{d}H/\mathrm{d}z$，当不考虑样品周围介质（一般为空气）磁化率的影响时，样品沿 z 方向受到的磁力为：

$$F=\int_{H}^{0}\chi\mu_0 HA\,\mathrm{d}z\,\frac{\mathrm{d}H}{\mathrm{d}z}=-\frac{1}{2}\chi\mu_0 AH^2 \tag{4-23-6}$$

式中：H 为磁场中心的磁场强度；A 为样品的截面积；χ 为样品的体积磁化率；μ_0 为真空磁导率。对于顺磁性物质，作用力指向磁场强度最大的方向；对于反磁性物质，作用力则指向磁场强度弱的方向。

定义Δm 为有外加磁场和无外加磁场时物质质量的变化差值，则有：

$$F=\Delta m_{样}g=(\Delta m_{样+管}-\Delta m_{管})g \tag{4-23-7}$$

由式(4-23-6)和式(4-23-7)可得：

$$\chi_{\mathrm{m}}=\frac{2\Delta m_{样}Mgh}{\mu_0 mH^2} \tag{4-23-8}$$

式中：h 为样品高度；m 为样品质量；M 为样品摩尔质量；ρ 为样品密度；g 为重力加速度；μ_0 为真空磁导率；H 为磁场中心的磁场强度。

磁场强度 H 可用特斯拉计测量。本实验用已知磁化率的标准物质莫尔盐进行间接标定。莫尔盐的摩尔磁化率与温度的关系为：

$$\chi_{\mathrm{m}}=\left[\frac{9500}{T/\mathrm{K}+1}\times\frac{M}{\mathrm{kg\cdot mol^{-1}}}\times 4\pi\times 10^{-9}\right]\mathrm{m^3\cdot mol^{-1}} \tag{4-23-9}$$

式中：M 为莫尔盐的摩尔质量($\mathrm{kg\cdot mol^{-1}}$)。

因此，莫尔盐与待测样品满足如下关系：

$$\left(\frac{\Delta mMh}{m\chi_{\mathrm{m}}}\right)_{莫尔盐}=\left(\frac{\Delta mMh}{m\chi_{\mathrm{m}}}\right)_{样品} \tag{4-23-10}$$

三、仪器与试剂

仪器：CTP-I 型古埃磁天平（包括电磁铁、电子天平、励磁电源、特斯拉计）1 套；硬质玻璃样品管 1 只（附刻度）；样品管架 1 个（装样用）；研钵；广口试剂瓶 3 个（装磨好的样）；装样工具 3 套（角匙、小漏斗、玻璃棒）；电吹风；脱脂棉签。

试剂：莫尔盐 $(NH_4)_2SO_4\cdot FeSO_4\cdot 6H_2O$(A. R.)；$FeSO_4\cdot 7H_2O$(A. R.)；黄血盐 $K_4Fe(CN)_6\cdot 3H_2O$(A. R.)。

四、实验步骤

1. 开机准备。

将“励磁电流调节”旋钮左旋到底。接通电源，检查磁天平是否正常（调水平）。按“采零”键，使特斯拉计的数字显示为“000.0”。在未悬挂样品管的状态下，按电子天平的清零键，使其显示为“0.000 0”。

2. 测定空样品管的质量。

取一支洁净、干燥的空样品管，并将其慢慢悬挂在磁天平的挂钩上，使样品管底部正好与磁极中心线齐平。先在励磁电流为零时准确称量空样品管质量并记录之，然后缓慢调节电流旋钮，使特斯拉计数显为 300mT，迅速称量并记录之，继续逐渐增大电流，使特斯拉计数显为 350mT，停留一定时间后，将励磁电流缓慢调小，依次在磁场强度为 300mT 和 0mT 下称量并记录之。

调节电流由小到大，再由大到小的测定方法是为了抵消实验时磁场剩磁现象的影响。操作中电流调节要缓慢，并注意电流稳定后方可称量。天平称量时，必须关上磁极架外面的玻璃门，以避免空气流动对称量的影响。若两次实验结果相差较大，则需重新称量。

3. 用莫尔盐标定磁场强度。

取洁净干燥的样品管用小漏斗装入事先研细并经干燥过的莫尔盐，在装入过程中需不断地让样品管底部在软垫上轻轻碰击，使样品均匀填实，直至 15cm 以上，再将装有莫尔盐的样品管置于磁天平上，按上述方法称量。

4. 测定样品的磁化率。

在同一样品管中，采用同样的方法分别测定 $FeSO_4 \cdot 7H_2O$ 和黄血盐 $K_4[Fe(CN)_6] \cdot 3H_2O$ 的上述各质量数据。样品管在使用前及实验完毕后均需自来水冲洗，蒸馏水淋洗，无水乙醇润洗，电吹风吹干。

五、注意事项

1. 装样高度应足够并保持一致。
2. 样品管不能触碰到天平框架、磁极和特斯拉计探头等。
3. 调节励磁电流升降应平缓，关闭电源前应先将励磁电流旋钮调至最小。

六、数据记录与处理

1. 将实验数据列入表 4-23-1 中，并分别计算不同条件下样品管及样品在无磁场时的质量和在不同励磁电流下的质量变化（取电流增大、减小两次测量的平均值）。

表 4-23-1　实验数据记录表

实验温度：＿＿＿＿＿＿　　　　大气压：＿＿＿＿＿＿

被测物	h/cm	H/mT	m/g			$\Delta m_{样+管}$/g	$\Delta m_{样}$/g	$m_{样}$/g
			$I\uparrow$	$I\downarrow$	平均			
空样品管	/	0					/	/
		300						
样品管＋莫尔盐		0						
		300						

续表 4-23-1

被测物	h/cm	H/mT	m/g			$\Delta m_{样+管}$/g	$\Delta m_{样}$/g	$m_{样}$/g
			$I\uparrow$	$I\downarrow$	平均			
样品管＋ $FeSO_4 \cdot 7H_2O$		0						
		300						
样品管＋黄血盐		0						
		300						

注：M(莫尔盐)＝392.13g・mol^{-1}；$M(FeSO_4 \cdot 7H_2O)$＝278.01g・mol^{-1}；M(黄血盐)＝422.39g・mol^{-1}。

2.计算 $FeSO_4 \cdot 7H_2O$ 和 $K_4Fe(CN)_6 \cdot 3H_2O$ 的摩尔磁化率 χ_m、磁矩 μ 和未成对电子数 n。

3.根据未成对电子数 n，讨论 $FeSO_4 \cdot 7H_2O$ 和 $K_4Fe(CN)_6 \cdot 3H_2O$ 两种配合物中心离子的 d 电子结构及配位体场强弱。

七、思考题

1.在不同励磁电流下测得样品摩尔磁化率是否相同？如果测量结果不同应如何解释？

2.为什么实验测得各样品的磁矩 μ 值比理论计算值稍大？

3.比较用高斯计和莫尔盐标定的相应的励磁电流下的磁场强度数值，并分析两者测定结果差异的原因。

5 综合性和设计性实验

实验二十四 热重/差热同步热分析

一、实验目的

1. 掌握热重/差热分析的基本原理及实验方法。

2. 了解热重/差热同步分析仪的构造，并学会其实验操作技术。

3. 利用热重/差热同步分析仪对 $CuSO_4 \cdot 5H_2O$ 进行差热分析，并根据所得到的谱图分析样品在加热过程中发生的变化。

二、实验背景

1. 差热分析。

物质在加热或冷却过程中通常会发生熔化、凝固、晶型转变、分解、化合、吸附、脱附等物理化学变化，这些变化必将伴随热效应的产生，表现为所测试样与外界环境之间有温度差。差热分析(DTA)是在程序控制温度下，测量试样和参比物(一种在测量温度范围内不发生任何热效应的物质)之间的温度差与温度关系的一种技术。以温差对温度作图就可以得到一条差热分析曲线，或称差热谱图。

如果参比物和被测物质的热容大致相同，而被测物质又无热效应，则两者的温度基本相同，此时得到一条平滑的直线，称为基线。被测物质发生了变化，由此产生了热效应，在差热分析曲线上就会有相应的峰出现。热效应越大，峰的面积也就越大。在差热分析中通常还规定，峰顶向上的峰为放热峰，试样温度高于参比物。相反，峰顶向下的峰为吸收峰，表示试样的温度低于参比物。

差热曲线的峰形、出峰位置、峰面积等受被测物质的质量、热传导率、比热、粒度、填充的程度、周围气氛和升温速率等因素的影响。因此，要获得良好的再现性结果，对上述各因素要严格控制。一般而言，升温速率增大，达到峰值的温度会向高温方向偏移，峰形变锐，但峰的分辨率降低。

差示扫描量热分析(DSC)和差热分析法仪器装置相似，它是在程序控制温度下，测量输入到试样和参比物的功率差与温度之间关系的一种实验技术。用差示扫描量热法可以直接测量热量。此外，与差热分析法比，差示扫描量热法试样的热量变化可随时得到补偿，试样与参比物的温度始终相等，避免了试样与参比物之间的热传递，仪器的反应灵敏，分辨率高，重现性好。

2. 热重分析。

当被测物质在加热过程中发生升华、气化、分解产生气体或失去结晶水等现象时，被测物质的质量就会发生变化。热重分析（TG）是在程序控制温度下，被测物质的质量与温度或时间关系的一种技术，所记录的数据为热重曲线。通过分析热重曲线，就可以知道被测物质产生变化的温度范围，并且根据失重量，分析发生的反应。

热重法的优点是定量性强，能准确地测量物质的质量变化及变化的速率，且数据的重现性好于差热分析。只要物质在受热时发生质量的变化，就可以用热重法来研究其变化过程。

三、仪器与试剂

仪器：STA 409 PC 热重/差热同步热分析仪 1 套；α-Al_2O_3坩埚 2 个。

试剂：$CuSO_4 \cdot 5H_2O$(A. R.)（实验前应碾成粉末，粒度为 100～300 目）。

四、实验内容

1. 仔细阅读仪器操作说明书，在老师指导下，开启仪器和计算机程序。

2. 样品称量。先在十万分之一电子天平上准确称量所用 α-Al_2O_3 坩埚的质量并记录，再在坩埚中称取约 10mg 固体 $CuSO_4 \cdot 5H_2O$，准确记录其质量。

3. 样品放置。升起加热炉体，用镊子小心地将空的参比坩埚和盛有样品坩埚放置在测量支架上，落下炉体。

4. 设定测试程序。在老师的指导下选择相应的修正文件，设置温度程序为：30℃初始等待状态，温升范围 30～300℃，温升速率为 5℃/min。测试气氛为 30cm^3/min 的流动空气。

5. 开始等待约 35min，清零，开始测定。

6. 测试结束后，待样品温度降至 100℃以下，升起炉体，用镊子取出坩埚放在规定处，降下炉体。

7. 启动数据分析程序，调入已做的图谱，对其热重及差热曲线进行分析并在图中标注，根据热重曲线求算出各个反应阶段的失重百分率、失重始温、失重终温、失重速率最大点的温度。根据分析结果给出 $CuSO_4 \cdot 5H_2O$ 的热分解反应式及热效应。

五、注意事项

1. 被测样品应在实验前碾成粉末，一般粒度在 100～300 目。装样时，应在实验台上轻轻敲几下，以保证样品之间有良好的接触。

2. 坩埚放置在测试支架上时，要小心，不能让样品洒在支架上。镊子不能与支架托盘接触，坩埚与支架托盘必须接触良好。

3. 初始等待开始时，注意手动调节气体流量计。

六、思考题

1. 差热分析实验中应选择参比物，本实验的参比物是什么？常用的参比物有哪些？

2. 差热曲线的形状与哪些因素有关？影响差热分析结果的主要因素是什么？

实验二十五　计算机联用研究 Belousov-Zhabotinsky 振荡反应

一、实验目的

1. 了解 Belousov-Zhabotinsky 振荡反应(简称 B-Z 振荡反应)的基本原理。
2. 掌握研究化学振荡反应的一般方法。
3. 掌握计算机在化学实验中的应用,测定振荡反应的诱导期与振荡周期。

二、实验背景

化学振荡是在开放系统中进行的远离平衡的一类反应,是一种周期性的化学现象。系统与外界环境交换物质和能量的同时,通过采用适当的有序结构状态耗散环境传来的物质和能量。

在大多数化学反应中,生成物或反应物的浓度随时间而单调地增加或减少,最终达到平衡状态。然而,化学振荡反应与通常的化学反应不同,它并非总是趋向于平衡态的。苏联化学家 Belousov 在 1958 年首次发现了这类反应,几年后 Zhabotinsky 等对这类反应又进行了深入的研究,将反应的范围大大扩展,这类反应被称为 B-Z 反应。

在下述反应过程中可明显地观察到 Ce^{4+} 浓度的周期变化现象,同时也可测到反应过程中 Br^- 生成的周期振荡现象:

$$2BrO_3^- + 3CH_2(COOH)_2 + 2H^+ \xlongequal{Ce^{4+}} 2BrCH(COOH)_2 + 3CO_2 + 4H_2O$$

图 5-25-1 是实验测得的 B-Z 体系典型铈离子和溴离子浓度的振荡曲线。

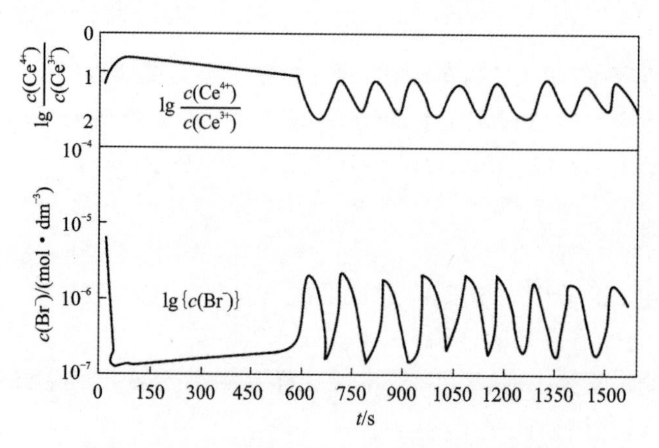

图 5-25-1　B-Z 振荡反应中的浓度振荡实验结果

B-Z 振荡反应的机理是复杂的,对用铈催化的 B-Z 反应,1972 年 Field、Koros 及 Noyes 提出了著名的 FKN 机理,它比较成功地解释了振荡反应的产生。

设该系统中主要存在两种不同的总过程Ⅰ和Ⅱ,哪一种过程占优势,取决于系统中溴离子的浓度，当 $c(Br^-)$ 高于某个临界值时，过程Ⅰ占优势，当 $c(Br^-)$ 低于临界值时，过程Ⅱ占优势。过程Ⅰ消耗 Br^- 导致过程Ⅱ，而过程Ⅱ生产 Br^- 又使系统回到过程Ⅰ，如此循环就产生了化学振荡现象。用铈催化的 B-Z 反应机理大致可认为如下：

当 $c(Br^-)$ 较大时，发生下列反应（过程Ⅰ）：

$$BrO_3^- + Br^- + 2H^+ \rightarrow HBrO_2 + HOBr \tag{5-25-1}$$

$$HBrO_2 + Br^- + H^+ \rightarrow 2HOBr \tag{5-25-2}$$

当 $c(Br^-)$ 低于临界值后，发生如下反应（过程Ⅱ）：

$$BrO_3^- + HBrO_2 + H^+ \rightarrow 2BrO_2 + H_2O \tag{5-25-3}$$

$$BrO_2 + Ce^{3+} + H^+ \rightarrow HBrO_2 + Ce^{4+} \tag{5-25-4}$$

$$2HBrO_2 \rightarrow BrO_3^- + HOBr + H^+ \tag{5-25-5}$$

$$4\,Ce^{4+} + BrCH(COOH)_2 + H_2O + HOBr \rightarrow 2\,Br^- + 4\,Ce^{3+} + 3\,CO_2(g) + 6H^+ \tag{5-25-6}$$

这样的循环就产生了周期性的振荡现象，该反应的振荡周期约为 30s。

上述振荡反应的净化学反应为：

$$2BrO_3^- + 3CH_2(COOH)_2 + 2H^+ \xlongequal{Ce^{4+}} 2BrCH(COOH)_2 + 3CO_2 + 4H_2O$$

随着反应的进行，BrO_3^- 的浓度逐渐减小，CO_2 气体不断放出，系统的能量与物质逐渐被耗散，如果不补充新的原料最终导致振荡结束。

三、仪器与试剂

仪器：振荡装置 1 台；反应器 1 个；$20cm^3$ 量筒 3 个；注射器 1 个；培养皿。

试剂：丙二酸；$KBrO_3$；H_2SO_4（浓）；硫酸铈铵；邻菲啰啉；$FeSO_4 \cdot 7H_2O$。

四、实验内容

1. 浓度振荡现象的观察。

(1)设定恒温槽温度为 25.0℃。

(2)在反应器中加入 $0.45mol \cdot dm^{-3}$ 丙二酸、$0.25mol \cdot dm^{-3}$ $KBrO_3$ 和 $3.00mol \cdot dm^{-3}$ H_2SO_4 各 $15cm^3$，并将其置于振荡器指示的位置，装好甘汞电极和铂电极。

(3)将振荡器的电源开关置于“开”的位置，将磁珠放入反应器内，调节“调速”旋钮至合适速率。

(4)将精密数字电压仪置于 2V 档，两电极对接清零；甘汞电极接负极，铂电极接正极。

(5)将振荡器上的电压测量仪与电脑串行口连接，启动 BZ 振荡器软件；点击“设置”菜单，“设置坐标系”进行设置，一般电压设置为 0.95～1.30V，时间为 10min，串行口和采样时间为默认。

(6)反应器恒温 5min 后，用注射器吸取 $4\times10^{-3}mol \cdot dm^{-3}$ 硫酸铈铵溶液 $15cm^3$ 从加样口加入反应器内，立即点击“数据通讯”菜单-“开始绘图”，软件即开始绘图。若点击“数据通讯”菜单-“停止绘图”，则绘图停止。

(7)停止绘图后,再点击"数据处理"菜单-"诱导时间",则弹出对话框,用鼠标右键在曲线上取合适的两点,点击"继续",则显示诱导时间。若点击"数据处理"菜单-"振荡时间",如上操作可得振荡时间。可在"体系温度"文本框中输入当前温度值。

(8)点击"数据处理"菜单-"添加到数据库",把当前数据添加到数据库。

(9)将反应器中的溶液倒出,重新换溶液,改变温度约至 40℃(每次改变 3～5℃),重复以上操作。

(10)点击"数据处理"菜单-"历史数据",选择一组实验数据,点击"查看曲线"可在主界面显示曲线图,将选择的几组数据标记为 T,点击"计算"按钮,对所选数据进行数据处理,可求出诱导表观活化能和振荡表观活化能。

(11)点击"导出"按钮,可将当前数据库所在的数据导出,文件格式为 *.BZZ 和 *.Xls。点击"文件"菜单-"保存"则可保存绘制的曲线。选择一组实验数据,点击"查看曲线"可在主界面显示曲线图,将选择的几组数据标记为 T,点击"计算"按钮,对所选数据进行数据处理,可求出诱导表观活化能和振荡表观活化能。

2. 空间化学波现象的观察。

(1)溶液的配制。

溶液Ⅰ:将 3cm^3 H_2SO_4(浓)和 11g $KBrO_3$(s)溶解在 134cm^3 去离子水中。

溶液Ⅱ:将 1.1g $KBrO_3$(s)溶解在 10cm^3 去离子水中。

溶液Ⅲ:将 2g 丙二酸(s)溶在 20cm^3 去离子水中。

(2)实验步骤。在 50cm^3 烧杯中先加入 18cm^3 溶液Ⅰ,再加入 1.5cm^3 溶液Ⅱ和 3cm^3 溶液Ⅲ,待溶液澄清后,再加入 3cm^3 邻菲啰啉亚铁指示剂,充分混合后,倒入一直径为 9cm 的培养皿中,将培养皿水平放在桌面上盖上盖子,下面放一张白纸便于观察。培养皿中的溶液先呈均匀的红色,片刻后溶液中出现蓝点,并呈环状向外扩展,形成各种同心圆式图案。如果倾斜培养皿使一些同心圆破坏,则可观察到螺旋式图案的形成,这些图案同样能向四周扩展。

五、注意事项

1. 参比电极不能直接使用甘汞电极,可以用 1mol·dm^{-3} H_2SO_4 溶液做液接,或者使用双盐桥甘汞电极,外面夹套中充饱和 KNO_3 溶液,这是因为 Cl^- 会抑制振荡的发生和持续。

2. 配置硫酸铈铵溶液时一定要在 0.20mol·dm^{-3} H_2SO_4 介质中配制,防止硫酸铈铵发生水解。

六、思考题

1. 影响诱导期和振荡周期的主要因素有哪些?

2. 该实验计算诱导表观活化能和振荡表观活化能的理论依据是什么?

实验二十六　载体电催化剂的制备、表征及其反应性能

一、实验目的

1.学习电催化的实验方法。

2.初步掌握电催化剂的表征及电催化反应性能研究。

二、实验背景

电催化研究在电化学能量产生和转化、电解和电合成等工业部门被广泛应用。自20世纪60年代以来,对有机小分子的电催化氧化研究一直非常活跃。研究表明,有机小分子解离吸附及其产物的氧化过程是一个对电极表面结构极其敏感的过程。在碳或氧化物为载体的表面沉积催化物质可显著提高电催化剂的利用率,从而降低成本。铂具有较高的催化活性,因此对载体上沉积铂从而制备实用型催化剂的研究一直受到重视。有机小分子氧化不仅可作为直接燃料电池的阳极反应,而且在电催化机理研究领域也占有极其重要的地位。电催化反应和异相化学催化不仅存在相似之处,还具有电催化自身的重要特性,最突出的表现为反应速率受电位的影响。由于电极/溶液界面上的电位可在较大范围内随意变化,从而能够方便、有效地控制反应速率和反应选择性。典型的电催化反应有析氢反应和有机物分子的电氧化反应。

电极材料及其表面性质主要决定了电极反应速率与反应机理。因此,讨论如何寻找合适的催化剂和反应条件以便减少过电位引起的能量损失及改善电极反应的选择性是一个很值得研究的课题。大量事实证明,电极材料对反应速率有明显的影响,反应选择性不但取决于反应中间物的本质及其稳定性,而且取决于电极界面上进行的各个连续步骤的相对速率。电催化活性取决于催化剂本身的化学组成和颗粒尺寸及形状。催化剂微观结构对不同反应的影响也不尽相同。有些反应被称为结构敏感的反应,有些被称为结构不敏感的反应。此外,电极经过修饰可达到调节电催化活性和反应选择性的目的。本实验采用恒电流和循环伏安法在玻碳表面沉积金属膜,再通过金属离子的修饰研制高性能载体电催化剂,从而进一步研究其对有机小分子的电催化氧化的性质。

三、仪器与试剂

仪器:电化学工作站;电化学电池;铂片辅助电极;饱和甘汞电极或Ag/AgCl参比电极;玻碳工作电极;电极抛光布。

试剂:0.5mol·dm^{-3}硫酸溶液;0.1mol·dm^{-3}甲醇+0.5mol·dm^{-3}硫酸溶液;Sb^{3+}、Bi^{3+}、Pb^{2+}金属离子;Al_2O_3抛光粉。

四、实验内容

1.载体电催化剂(电极)的制备。

(1)玻碳电极(GC,Φ=4.00mm,聚四氟乙烯包封制成)表面用1～6号金相砂纸研磨,以

超声波水浴清洗除去表面研磨杂质,然后改用 0.5μm 的研磨粉在研磨布上继续研磨,直到得到光亮的镜面,再以超声波清洗,以便备用。

(2)电解质为 0.5mol·dm^{-3}的硫酸溶液,研究电极为 GC,辅助电极为 Pt 片电极,参比电极为饱和甘汞电极(SCE)。在电化学工作站上进行循环伏安检测,电位扫描区间-0.25～1.25V,扫描速率 50mV/s,记录极化曲线。

(3)在含有 Pt 离子的溶液中,采用恒电流或循环伏安法在玻碳基底上沉积 Pt/GC 电极,通过控制沉积时间或电位扫描圈数以控制沉积层的厚度。

(4)选用 Sb^{3+}、Bi^{3+}、Pb^{2+} 金属离子对电极进行化学修饰,制备 M-Pt/GC 电极。通过电极表面的修饰技术,控制不同修饰物种及其覆盖度 θ,以改善其电催化活性或选择性。

2. 载体电催化剂的表征及其在有机小分子氧化中的电催化特性。

(1)将制得的载体电催化剂(GC 或 Pt/GC)分别作为研究电极,在 0.5mol·dm^{-3}的硫酸电解质溶液中,Pt 片电极为辅助电极,饱和甘汞电极为参比电极,选用-0.25～1.25V 的电位扫描区间和 50mV/s 的扫描速率,在电化学工作站上进行循环伏安检测,记录极化曲线,并比较与讨论所得结果。

(2)将分别采用恒电流或循环伏安法沉积后并通过表面修饰技术制备的修饰电极(M-Pt/GC)置入 0.5mol·dm^{-3}的硫酸溶液中,采用循环伏安法进行电化学表征。比较与讨论不同修饰物和不同覆盖度 θ 对电催化活性与选择性的影响。

(3)在 0.1mol·dm^{-3}甲醇+0.5mol·dm^{-3}硫酸溶液中,分别采用 GC 和 Pt/GC 以及经过 Sb 修饰的 Pt/GC 电极,选取一定的电位扫描区间和扫描速率,对甲醇电催化氧化的循环伏安特性进行研究。

(4)观察比较不同电催化剂和不同扫描速率时循环伏安曲线的差别,并以峰电流值和峰电位值对扫描速率作图,观察其变化情况。

五、注意事项

1. 浓硫酸具有危险性,避免直接接触。

2. 稀释浓硫酸只能将浓硫酸缓缓倒入水中,不能反倒。稀释浓硫酸是放热的过程,应用玻璃棒不断搅拌,必要时应及时用冷水冷却。

六、思考题

1. 在研制载体电催化剂过程中,哪些主要因素必须考虑?控制电沉积和控制电位沉积有何差异?何谓表面修饰技术?

2. 玻碳(GC)与载体电催化剂(Pt/GC)电极在 0.5mol·dm^{-3}硫酸溶液或者 0.1mol·dm^{-3}甲醇+0.5mol·dm^{-3}硫酸溶液中的循环伏安曲线是否一致?为什么?

3. 通过循环伏安法可获得哪些主要的实验参数?其物理意义是什么?

4. 与本体金属电催化剂相比,载体电催化剂有哪些优缺点?

实验二十七 SO_4^{2-}/TiO_2固体酸的制备及其催化酯化反应性能研究

一、实验目的

1. 了解固体酸的概念，掌握固体酸的制备及其在催化酯化反应中的应用研究。
2. 独立设计制备 SO_4^{2-}/TiO_2固体酸的实验方案。
3. 掌握 SO_4^{2-}/TiO_2固体酸催化酯化反应的合成方法及其合成条件的优化方案。

二、实验背景

酯化反应是一类典型的酸催化反应，广泛应用于有机合成等领域。传统的酯化反应在生产过程中应用的酸催化剂主要是液体酸，其存在腐蚀严重、副反应多、产物产率低、催化剂难回收、选择性差、产物分离困难、环境污染严重等问题，限制了其在工业上的应用。SO_4^{2-}/M_xO_y型固体超强酸因其具有催化活性高、选择性好、制备方法简单、不污染环境、不腐蚀设备、可重复使用等突出优点，并对几乎所有的酸催化反应都表现出良好的催化活性和选择性，而被广泛用于各种工业反应中（如异构化、烷基化、酰化和酯化等），是目前众多研究学者致力于开发的一种具有潜在应用价值的绿色催化材料。SO_4^{2-}/M_xO_y型固体酸主要由载体（M_xO_y）和促进剂（SO_4^{2-}）两部分组成。目前，SO_4^{2-}/M_xO_y型固体酸的研究主要集中在 SO_4^{2-}/ZrO_2、SO_4^{2-}/TiO_2两大体系，近年来 SO_4^{2-}/SnO_2体系也受到了一定的关注。

本实验拟采取一定的实验方案合成 SO_4^{2-}/TiO_2固体酸，并将其用于催化合成乙酸正丁酯或柠檬酸三丁酯等酯化反应，详细考察其在不同酯化反应中的催化活性。

三、仪器与试剂

仪器：分析天平；电动磁力搅拌器；电加热水浴锅；酯化反应仪器 1 套；马弗炉；烘箱等。

试剂：钛酸正丁酯；$Ti(SO_4)_2$；氨水；氢氧化钠；乙醇；乙酸；柠檬酸；正丁醇等。

四、实验内容

1. 固体酸催化剂 SO_4^{2-}/TiO_2的制备。

采用溶胶-凝胶-浸渍法或沉淀-浸渍法等方法制备固体酸催化剂 SO_4^{2-}/TiO_2。查阅文献资料，拟定所采取的制备方法，详细的实验技术路线和实验手段，绘制催化剂制备的工艺流程图。

实例：SO_4^{2-}/TiO_2固体酸的制备

(1)在 0.4mol·dm^{-3}的 $Ti(SO_4)_2$水溶液中，快速搅拌下滴加 8%的氨水，调节溶液的 pH 至 8，得到白色沉淀物。

(2)白色沉淀物经抽滤后，再用 95%乙醇洗涤 2 次并抽滤，滤饼在 100℃下干燥 24h，取出后研磨成粉末。

(3)取一定量的粉末浸渍于0.50mol・dm^{-3}硫酸溶液中30min(1g固体约用15mL硫酸溶液浸渍),过滤,100℃烘箱内干燥1h,研磨,将得到的前驱物置于马弗炉中在550℃下焙烧4h,即得到SO_4^{2-}/TiO_2固体酸。

2.固体酸催化合成酯化反应。

本实验以乙酸与正丁醇合成乙酸正丁酯、柠檬酸与正丁醇合成柠檬酸三丁酯的酯化反应为探针反应,对SO_4^{2-}/TiO_2的催化活性进行详细的考察。查阅文献资料,参照如下实验流程,拟定详细的催化合成酯化反应的实验条件,绘制实验装置图,并设计合成条件的优化方案,合成条件包括催化剂用量、酸醇摩尔比、反应时间等。

(1)乙酸-正丁醇的酯化反应。在装有温度计、分水器和回流冷凝管的圆底三颈烧瓶中,加入一定体积的正丁醇、冰醋酸及一定量的SO_4^{2-}/TiO_2固体酸催化剂,在磁力搅拌下于115~118℃范围内加热回流一定时间后停止反应。反应前后各取反应混合液0.50cm^3,加入20.0mL无水乙醇,以酚酞为指示剂,用一定浓度的标准NaOH溶液滴定其酸值,按式(5-27-1)计算固体酸样品的酯化率[按《增塑剂酸值及酸度的测定》(GB 1668—2008)测酸值]。

$$酯化率(\%)=\frac{M_0-M_1}{M_0}\times 100 \tag{5-27-1}$$

式中:M_0为反应前混合液消耗的NaOH体积;M_1为反应后混合液消耗的NaOH体积。

(2)柠檬酸-正丁醇的酯化反应。在装有温度计、分水器和回流冷凝管的圆底三颈烧瓶中,加入一定量的柠檬酸和一定体积的正丁醇,升温将柠檬酸完全溶解之后,加入一定量的SO_4^{2-}/TiO_2固体酸催化剂,在磁力搅拌下于115~120℃范围内加热回流一定时间后停止反应。反应前后各取反应混合液0.50cm^3,加入20.0cm^3无水乙醇,以酚酞为指示剂,用一定浓度的标准NaOH溶液滴定其酸值,按式(5-27-1)计算固体酸样品的酯化率。

五、完成研究论文

参考期刊发表论文的格式撰写设计性研究论文。要求有题目、作者、作者单位、摘要、前言、实验部分、结果与讨论、结论及参考文献。

六、注意事项

1.所拟定的实验方案在现有的实验条件下必须具有操作可行性。

2.必须详细记录实验操作步骤及原始数据。

3.催化剂制备过程中,制备条件的控制至关重要,所以制备实验流程必须非常详细。

4.催化酯化反应的合成条件必须严格控制。

七、思考题

1.试说明SO_4^{2-}/TiO_2固体酸催化酯化反应的优缺点。

2.比较SO_4^{2-}/TiO_2固体酸与文献查阅固体酸的催化活性。

3.简述SO_4^{2-}/M_xO_y型固体酸的发展趋势及目前存在的问题。

4.概括SO_4^{2-}/M_xO_y型固体酸的酸性质测定方法。

实验二十八　SnO_2纳米材料的制备及其性能研究

一、实验目的

1. 了解纳米材料的概念以及其优点。
2. 了解 SnO_2纳米材料的制备方法。
3. 独立设计 SnO_2纳米材料合成的实验工艺流程。
4. 掌握 SnO_2纳米材料光催化性能测试的实验方法。

二、实验背景

SnO_2作为一种重要的功能材料已经被广泛应用于可充放电锂离子电池、太阳能电池、气敏材料、透明显示器件和光催化等领域。近年来,纳米结构因其具有比表面积大和可修饰性强等特性,在诸多方面均体现出优良的物理化学性能并得到广泛应用,其在改善材料本身的性能和拓展其实际应用等方面具有重要意义。

本实验要求学生通过查阅相关的文献,设计和选用合适的制备方法成功合成具有特殊形貌的 SnO_2纳米材料,并借助实验参数的调变来实现对 SnO_2形貌的可控制备,同时对其光学性能及光催化性能等进行测试和评价。

三、仪器与试剂

仪器:电子天平;电热恒温鼓风干燥箱;集热式磁力搅拌器;紫外分光光度计和马弗炉等。

试剂:氯化锡;氢氧化钠;草酸;无水乙醇等。

四、实验内容

1. SnO_2纳米材料的制备法

采用溶胶-凝胶法、共沉淀或者水热法等制备 SnO_2纳米材料。设计详细的实验技术路线和实验手段,绘制 SnO_2纳米材料的工艺流程图。通过实验参数的调变来实现对 SnO_2形貌的可控制备,并探究实验参数对合成样品形貌及光催化活性的影响。

实例:SnO_2微球的合成

称取 0.675g $SnCl_4 \cdot 5H_2O$,在磁力搅拌下溶于 30cm^3乙醇中,再加入一定量的六亚甲基四胺(HTM),溶液为乳白色。另外称取 0.6g NaOH 溶于 30cm^3水中,用玻璃棒将溶液搅拌均匀。然后将充分溶解的 NaOH 溶液缓慢滴加到上述乳白色溶液中,并搅拌 30min,使其充分反应,形成均匀溶液,将其转移到 100cm^3反应釜中,将反应釜放入 180℃的烘箱中,水热反应一段时间后,自然冷却至室温,将反应釜里的水热反应产物进行抽滤,再用无水乙醇和去离子水交替洗涤多次,最后放入 60℃烘箱干燥 12h,即得到白色粉末 SnO_2。

2.光学性能表征

采用紫外可见分光光度计(UV-Vis)进行测试,对样品在紫外光和可见光区域的光吸收特性进行表征。

3.光催化性能测试

以亚甲基蓝溶液为目标降解物,测试SnO_2纳米材料在300W汞灯照射下,对亚甲基蓝溶液的光催化降解效率。具体实验步骤为:分别在4支试管中加入10mg SnO_2光催化剂,再取50cm^3 10mg·dm^{-3}的亚甲基蓝溶液加入上述试管中,在磁力搅拌下,暗反应20min,使催化剂均匀分散在亚甲基蓝溶液中并达到吸附-脱附平衡。随后将装有SnO_2和亚甲基蓝溶液的试管置于300W的高压汞灯下照射,每隔15min取出5cm^{3}溶液进行离心分离,取其上清液,采用紫外分光光度计测其在$\lambda=664$nm处的吸光度,根据溶液吸光度的变化计算亚甲基蓝的降解率。另取1支试管不加SnO_2光催化剂作空白对照。光催化降解亚甲基蓝溶液的降解率根据如下公式计算:

$$\text{降解率}(\%)=\frac{A_0-A_t}{A_0}\times 100\% \tag{5-28-1}$$

式中:A_0为亚甲基蓝溶液的初始吸光度;A_t为反应时间为t时亚甲基蓝溶液的吸光度。

五、完成研究论文

参考期刊发表论文的格式撰写设计性研究论文。要求有题目、作者、作者单位、摘要、前言、实验部分、结果与讨论、结论及参考文献。

六、注意事项

1.所拟定的实验方案在现有的实验条件下必须具有操作可行性。

2.必须详细记录实验操作步骤及原始数据。

3.制备SnO_2纳米材料对实验条件的要求较高,因此实验过程中必须严格控制制备条件,一定要注意所用的所有仪器都要清洗干净。

4.光催化性能测试的条件必须严格控制。

七、思考题

1.试说明SnO_2纳米材料用于光催化领域的优缺点。

2.简述纳米材料常用的制备方法以及各自的优缺点。

3.概括SnO_2纳米材料性能表征的测试方法。

实验二十九　水系锂离子电池性能研究

一、实验目的

1.掌握利用循环伏安法判断电极过程的可逆性。

2.学习电化学工作站的正确使用方法。

二、实验背景

随着各种便携式电子产品日益普及，电池作为一种携带方便的电源设备日益受到关注。锂离子电池因为其工作电压高、循环寿命长、能量密度高、自放电小、体积小、无记忆效应、对环境友好等优点，已成为消费者的首选电源，目前已广泛应用于电子产品、便携式电动工具、电动自行车等产品中，甚至部分应用于电动汽车。

目前商业化的锂离子电池电解液主要还是有机电解液体系，使得电池体系还存在着很大的安全隐患。水系锂离子电池体系由于不再含有易燃的有机物，所以能够很好地解决电池的自燃、爆炸和污染环境等问题；同时，水溶液的离子电导率几乎高出有机电解液 2 个数量级，有助于电池比功率的提高。因此，水系锂离子电池已成为具有开发和应用潜力的新一代储能器件。

三、仪器与试剂

仪器：分析天平；磁力搅拌器；马弗炉；烘箱；真空干燥箱；电化学工作站；甘汞电极；钛网等。

试剂：电极材料或其制备原料；乙炔黑（纯度＞99%）；聚四氟乙烯（PTFE）；PVDF；N-甲基吡咯烷酮；活性炭；$LiNO_3$；Li_2SO_4等。

四、实验内容

1.电极材料的确定。

由于水自身会发生电解，电解液中的 H^+ 或者 OH^- 会随着电池正、负极电位的变化发生析氢或析氧反应，一旦有 O_2 或 H_2 产生，不仅会对电极材料造成严重的破坏，而且有爆炸的危险。但是，只要正确地选择电池的正、负极材料，或者通过控制电解液的 pH 值、电池的充放电电压范围等，便可以确保水系锂离子电池的安全使用。

查阅文献，并根据电化学的基本知识选取合适的电极材料进行研究。

2.电极材料的制备。查阅文献，设计方案并制备已选定的电极材料。

3.电极片制备。将待测电极材料、乙炔黑和聚四氟乙烯按质量比 80∶15∶5 混匀后，辗压成片，在 120℃烘箱中干燥 12h，或真空干燥箱中干燥 2h，裁成 1cm×1cm 的小片（活性物质担载量约 $5mg \cdot cm^{-1}$），压于钛网上制成工作电极。

以相同方法制备活性炭电极片或者另一种不同电极材料的电极片。

4.循环伏安测试。

配制一定浓度和 pH 值的 $LiNO_3$ 或 Li_2SO_4 水溶液为电解液，采用三电极体系测试工作电极的循环伏安（CV）曲线，以饱和甘汞电极（SCE）为参比电极，以活性炭电极或另一种不同电极材料为对电极。测试在电化学工作站上进行。

观察 CV 曲线的循环一致性，比较不同扫描速率时循环伏安曲线的差别。

五、完成研究论文

参考期刊发表论文的格式撰写设计性研究论文。要求有题目、作者、作者单位、摘要、前言、实验部分、结果与讨论、结论及参考文献。

六、注意事项

1. 所拟定的实验方案在现有的实验条件下必须具有操作可行性。
2. 必须详细记录实验操作步骤及原始数据。
3. 可以分组研究不同条件下的电极材料性能，以探究影响因素。

七、思考题

1. 选择确定电极材料有何理论依据？
2. 影响循环伏安曲线形状的实验因素有哪些？

实验三十　天然沸石与改性沸石去除水中有机污染物性能研究

一、实验目的

1. 了解沸石结构及性质，掌握天然沸石的改性方法。
2. 掌握等温吸附模型和吸附动力学的研究方法。

二、实验背景

沸石(zeolite)常被广泛用作吸附剂、离子交换剂和催化剂，也被用于气体的干燥、净化和污水处理等方面。沸石是一种矿石，最早发现于1756年。沸石的结构式为$A(x/q)[(AlO_2)_x(SiO_2)_y]\cdot n(H_2O)$，其中$A$为Ca、Na、K、Ba、Sr等阳离子，$q$为阳离子化合价，$(y/x)$通常在1～5之间。沸石主要由三维硅(铝)氧格架组成，硅离子处在四面体的中心，4个氧离子占据四面体的4个顶角，这种结构叫做硅氧四面体。硅氧四面体中的硅离子可被铝离子置换形成铝氧四面体。硅氧四面体和铝氧四面体通过其顶角相互连接(一般两个铝氧四面体不能相互相连)，便构成了形状各异的三维硅(铝)氧结构骨架，也就是沸石结构。沸石由于其具有的结构特点，使其具有吸附性、离子交换性、催化和耐酸耐热等性能。

染料废水是主要的有害工业废水之一，主要来源于染料及染料中间体生产行业，包括各种产品和中间体结晶的母液、生产过程中流失的物料及冲刷地面的污水等。随着染料工业的发展，染料废水已成为主要的水体污染源。利用沸石的离子交换性和表面结构特征对其进行改性，制成改性沸石，用于吸附水中染料，是目前备受关注的课题。

沸石对染料的吸附能力通常用吸附量来表述，吸附平衡时的平衡吸附量q_e、吸附一定时间t时的吸附量q_t可分别按下述公式计算：

$$q_e = (C_0 - C_e)\frac{V}{m} \tag{5-30-1}$$

$$q_t = (C_0 - C_t)\frac{V}{m} \tag{5-30-2}$$

式中：q_e为平衡吸附量（$mg \cdot g^{-1}$）；q_t为时间 t 时的吸附量（$mg \cdot g^{-1}$）；C_0为溶液中氨氮的初始浓度（$mg \cdot dm^{-3}$）；C_e为吸附平衡后溶液的氨氮浓度（$mg \cdot dm^{-3}$）；C_t为吸附 t 时刻的溶液氨氮浓度（$mg \cdot dm^{-3}$）；V 是吸附液体积（dm^3）；m 是吸附材料质量（g）。

吸附等温线是研究吸附过程和吸附机理的重要方式之一，通过其变化规律可分析出吸附材料与吸附质之间的作用及吸附层特点。Langmuir、Freundlich 等温吸附模型是目前广泛使用的吸附等温线模型。Langmuir 模型是一个单分子层吸附理论。Freundlich 模型通常能够在较广的浓度范围内很好地符合实验结果，并广泛地应用于物理吸附和化学吸附。

Langmuir 吸附等温式的线性方程为：

$$\frac{C_e}{q_e} = \frac{1}{K_L q_m} + \frac{1}{q_m}C_e \tag{5-30-3}$$

式中：q_m为吸附材料的理论最大吸附量（$mg \cdot g^{-1}$）；K_L为 Langmuir 吸附常数，反映吸附位点的亲和力，与温度和吸附热相关。以 C_e/q_e对 C_e作图，如果能得到一条直线，说明该吸附符合 Langmuir 模型。同时，可以依据拟合直线的斜率和截距求得 K_L和 q_m。

Freundlich 吸附等温式的线性方程为：

$$\ln q_e = \frac{1}{n}\ln C_e + \ln K_F \tag{5-30-4}$$

式中：K_F和 n 都是 Freundlich 吸附常数，分别代表吸附能力和吸附过程的难易程度。以 $\ln q_e$对 $\ln C_e$作图，若得到一条直线，则可以说明该吸附符合 Freundlich 模型，依据拟合直线的斜率和截距求得 n 和 K_F。

吸附动力学模型主要表达了吸附过程中吸附材料的吸附量随时间的变化情况，反映了吸附材料对吸附质的吸附速率快慢，从而揭示吸附材料结构与其吸附性能的关系。通过吸附时间对吸附的影响实验为动力学模型拟合提供必要的数据，所采用的动力学模型主要为：准一级动力学方程（Pseudo-first-order）、准二级动力学方程（Pseudo-second-order）。

（1）准一级动力学方程（Pseudo-first-order）。准一级动力学模型的微分式和积分式表示如下：

$$\frac{dq_t}{dt} = k_1(q_e - q_t) \tag{5-30-5}$$

$$\ln(q_e - q_t) = \ln q_e - k_1 t \tag{5-30-6}$$

式中：q_e和 q_t分别为吸附平衡时的吸附量（$mg \cdot g^{-1}$）和吸附时间 t 时的吸附量（$mg \cdot g^{-1}$）；k_1（min^{-1}）为准一级动力学方程的吸附速率常数。依据此公式进行数据拟合，如得到一条直线，则说明吸附机理符合准一级动力学模型。根据拟合直线的斜率与截距可分别求得 k_1和理论平衡吸附量 $q_{e,cal}$。

（2）准二级动力学方程（Pseudo-second-order）。准二级动力学模型的微分式和积分式表示如下：

$$\frac{dq_t}{dt} = k_2\ (q_e - q_t)^2 \qquad (5\text{-}30\text{-}7)$$

$$\frac{t}{q_t} = \frac{1}{q_e}t + \frac{1}{k_2 q_e^2} \qquad (5\text{-}30\text{-}8)$$

式中：q_e和 q_t分别为吸附平衡时的吸附量（$mg \cdot g^{-1}$）和吸附时间 t 时的吸附量（$mg \cdot g^{-1}$）；k_2（$g \cdot mg^{-1} \cdot min^{-1}$）为准二级动力学方程的吸附速率常数。以 t/q_t对 t 作图，若能得到直线，则说明该吸附机理符合准二级动力学模型，根据拟合直线的斜率与截距可得到 k_2和理论平衡吸附量 $q_{e,cal}$。

三、仪器与试剂

仪器：恒温水浴锅；磁力搅拌器；电子天平；振荡器；烘箱；分光光度计；具塞三角瓶；漏斗；铁架台；烧杯；容量瓶；锥形瓶；移液管；称量瓶等。

试剂：天然沸石；氯化铵；盐酸；氢氧化钠；氯化钠；酚酞；硝酸银；邻苯二甲酸氢钾；亚甲基蓝；罗丹明 B 等。

四、实验内容

1. 改性沸石的制备。

查阅相关文献资料，选择合适的改性剂对天然沸石进行改性，拟定改性方法，指定合理的实验技术路线和工艺，绘制改性沸石制备的工艺流程图。

实例：NaCl 改性天然沸石的制备

先配制 $1.0mol \cdot dm^{-3}$ NaCl 溶液，按照固液比为 1：20（g 天然沸石：cm^3氯化钠溶液），加入相应质量的天然沸石，将盛有天然沸石及 NaCl 溶液具塞三角瓶置于水浴锅中，温度控制在 85～90℃之间，搅拌 2h，将改性液倒出，再用去离子水多次洗涤改性沸石，直到向洗涤液滴加$0.1mol \cdot dm^{-3}$ $AgNO_3$溶液无白色沉淀产生，将改性沸石放入电热烘箱中在 105℃下烘干，放在干燥器中备用。

2. 吸附动力学及等温吸附模型实验。

向盛有 100～150mL 含染料 50～200$mg \cdot dm^{-3}$溶液（50$mg \cdot dm^{-3}$、100$mg \cdot dm^{-3}$、150$mg \cdot dm^{-3}$、200$mg \cdot dm^{-3}$、250$mg \cdot dm^{-3}$、300$mg \cdot dm^{-3}$）（实验室提供亚甲基蓝和罗丹明 B 标准浓度储备液）的具塞三口瓶中分别加入 0.5～2g 天然沸石或改性沸石，室温下，在振荡器中以一定的振荡速度振荡，分别在 5min、10min、15min、25min、35min、50min、75min、90min、120min、150min……时从锥形瓶中准确移取 1.00mL 溶液置于一个洁净干燥的小烧杯中，再向烧杯中准确移取 9.00mL 去离子水，混合均匀后，在分光光度计中，以去离子水为参比，在最大吸收波长处测量溶液吸光度值 A_t，根据标准曲线计算 t 时刻溶液中染料的浓度 C_t，根据式(4-30-1)和式(4-30-2)分别计算平衡吸附量 q_e（$mg \cdot g^{-1}$）和 t 时刻的吸附量 q_t（$mg \cdot g^{-1}$）。采用准一级和准二级动力学模型或其他动力学模型对吸附数据进行拟合，确定样品对染料吸附过程中合适的动力学模型，并分析相应的动力学特征。选择 Langmuir 和 Freundlich 或者其他吸附等温线模型对吸附数据进行拟合，探讨改性沸石对染料吸附的等温吸附模型特征。

五、完成研究论文

参考期刊发表论文的格式撰写设计性研究论文。要求有题目、作者、作者单位、摘要、前言、实验部分、结果与讨论、结论及参考文献。

六、注意事项

1. 在移取溶液时，需要待沸石沉淀后，移取上清液。

2. 由于受分光光度计量程限制，测量溶液吸光度时，对原溶液进行了稀释，根据标准曲线计算溶液浓度后，需要乘以稀释倍数！

3. 实验室每组提供多个具塞三口瓶，实验开始前提前配置好所需不同染料的浓度，同时开始吸附实验。

4. 实验中所需的平衡吸附量 q_e($mg \cdot g^{-1}$)值，可以持续振荡至全部实验完成后，最后进行测试。

5. 振荡使用的具塞三角瓶要洁净干燥。

七、思考题

1. 改性沸石制备过程中还可以用哪些改性剂进行改性，为什么？

2. 根据天然沸石与改性沸石吸附氨氮动力学研究结果，比较天然沸石与改性沸石吸附染料活性，并试着解释天然沸石与改性沸石吸附染料的机制。

实验三十一　酸催化剂对蔗糖水解反应速率常数的影响

一、实验目的

1. 了解酸催化剂对蔗糖水解反应速率常数的影响。

2. 设定 3 种及以上液体酸催化剂来系统探讨酸的种类和浓度对蔗糖水解反应速率的影响规律。

3. 学会实验参数的合理设计以及对实验结果进行系统处理和深入讨论。

二、实验背景

旋光法测定蔗糖水解反应速率常数是物理化学动力学经典实验之一，其中影响蔗糖水解反应速率常数 k 的因素包括反应温度、反应物蔗糖的浓度、酸催化剂的种类和浓度等。本实验采用旋光法来研究酸的种类和浓度对蔗糖水解反应速率的影响规律。

三、仪器与试剂

仪器：自动旋光仪(含旋光管)；计时器；玻璃器皿。

试剂：蔗糖（A. R.）；蒸馏水；高氯酸（A. R.）；盐酸（A. R.）；硫酸（A. R.）；磷酸（A. R.）；醋酸（A. R.）。

四、实验内容

1. 设计酸的种类或浓度对蔗糖水解反应速率常数影响的实验方案。

2. 设计合理的实验方案，在某一温度下，通过改变酸的浓度，求出对应于酸催化的反应级数及酸催化的反应速率常数。

3. 设计内容包括实验参数的选择、所用仪器、各物质的浓度、实验操作步骤和数据处理方法。

五、完成研究论文

参考期刊发表论文的格式撰写设计性研究论文。要求有题目、作者、作者单位、摘要、前言、实验部分、结果与讨论、结论及参考文献。

实验三十二　溶剂对乙酸乙酯皂化反应速率的影响

一、实验目的

1. 掌握电导法研究溶剂对乙酸乙酯皂化反应速率影响的实验技术。

2. 系统设计并探讨溶剂种类和比例对乙酸乙酯皂化反应速率的影响规律。

3. 学会正确分析和处理实验结果，并对其进行深入的讨论。

二、实验背景

有关化学反应动力学的探究性实验是物理化学基础实验的重要内容之一。影响化学反应速率的因素很多，其中反应介质是重要影响因素之一。所谓反应动力学介质效应是指一些不直接参与化学反应的溶剂或盐对化学反应动力学的影响，有时会使反应速率相差109倍。迄今尚无普适的理论来解释反应动力学介质效应。

本实验采用电导法来研究溶剂对乙酸乙酯皂化反应速率的影响。

三、仪器与试剂

仪器：电导率仪；洁净双管式电导池；计时器；超级恒温槽1套；玻璃器皿。

试剂：$CH_3COOC_2H_5$（A. R.）；NaOH 溶液（A. R.）；CH_3CH_2OH（A. R.）；电导水。

四、实验内容

1. 设计实验研究乙醇与水的混合溶剂对乙酸乙酯皂化反应速率常数的影响。

2.设计内容包括实验参数的选择、所用仪器、各物质的浓度、实验操作步骤和数据处理方法。

五、完成研究论文

参考期刊发表论文的格式撰写设计性研究论文。要求有题目、摘要、前言、实验部分、结果与讨论、结论及参考文献。

主要参考文献

北京大学化学学院物理化学实验教学组,2002.物理化学实验[M].4版.北京:北京大学出版社,2002.

陈芳,2013.物理化学实验[M].武汉:武汉大学出版社.

崔献英,2000.物理化学实验[M].合肥:中国科学技术大学出版社.

复旦大学,等,1993.物理化学实验[M].2版.北京:高等教育出版社.

傅献彩,沈文霞,姚天扬,等,2005.物理化学[M].5版.北京:高等教育出版社.

高丕英,李江波,2010.物理化学实验[M].上海:上海交通大学出版社.

何广平,南俊民,孙艳辉,2008.物理化学实验[M].北京:化学工业出版社.

何畏,2009.物理化学实验[M].北京:科学出版社.

华南理工大学物理化学教研室,2003.物理化学实验[M].广州:华南理工大学出版社.

华萍,2010.物理化学实验[M].武汉:中国地质大学出版社.

金丽萍,邬时清,陈大勇,2005.物理化学实验[M].2版.上海:华东理工大学出版社.

刘建兰,张东明,2015.物理化学实验[M].北京:化学工业出版社.

刘珍,2015.化验员读本上册[M].4版.北京:化学工业出版社.

罗澄源,向明礼,等,2003.物理化学实验[M].4版.北京:高等教育出版社.

庞素娟,吴洪达,2009.物理化学实验[M].武汉:华中科技大学出版社.

邱金恒,孙尔康,吴强,2010.物理化学实验[M].北京:高等教育出版社.

实用化学手册编写组,2001.实用化学手册[M].北京:科学出版社.

孙尔康,张剑荣,2009.普通化学实验[M].南京:南京大学出版社.

唐林,刘红天,温会玲,2008.物理化学实验[M].2版.北京:化学工业出版社.

天津大学物理化学教研室,2001.物理化学(上、下册)[M].4版.北京:高等教育出版社.

王群英,安黛宗,2015.大学化学实验[M].武汉:中国地质大学出版社.

王玉峰,孙墨珑,张秀成,2014.物理化学实验[M].哈尔滨:东北林业大学出版社.

吴世华,刘育,程鹏,2010.创新化学实验[M].北京:科学出版社.

武汉大学化学与分子科学学院实验中心,2012.物理化学实验[M].2版.武汉:武汉大学出版社.

谢祖芳,晏全,李冬青,等,2014.物理化学实验及其数据处理[M].成都:西南交通大学出版社.

徐瑞云,2010.物理化学实验[M].上海:上海交通大学出版社.

附录　物理化学实验常用数据表

附表 1　国际单位制(SI)的基本单位

量的名称	量的符号	单位名称	单位符号
长度	l	米	m
质量	m	千克(公斤)	kg
时间	t	秒	s
电流	I	安[培]	A
热力学温度	T	开[尔文]	K
物质的量	n	摩[尔]	mol
发光强度	I	坎[德拉]	cd

附表 2　国际单位制的一些导出单位

量的名称	单位名称	单位符号	用 SI 基本单位和 SI 导出单位表示
频率	赫[兹]	Hz	s^{-1}
力	牛[顿]	N	$kg \cdot m \cdot s^{-2}$
压力,压强	帕[斯卡]	Pa	$N \cdot m^{-2}$
能量	焦[耳]	J	$N \cdot m$
功率	瓦[特]	W	$J \cdot s^{-1}$
电量	库[仑]	C	$A \cdot s$
电位,电压,电动势	伏[特]	V	$W \cdot A^{-1}$
电容	法[拉]	F	$C \cdot V^{-1}$
电阻	欧[姆]	Ω	$V \cdot A^{-1}$
电导	西[门子]	S	Ω^{-1}
磁通量	韦[伯]	Wb	$V \cdot s$
磁通量密度,磁感应强度	特[斯拉]	T	$Wb \cdot m^{-2}$
电感	亨[利]	H	$Wb \cdot A^{-1}$

附表 3　水的黏度

单位:mPa・s

温度/℃	0	1	2	3	4	5	6	7	8	9
0	1.770 2	1.731 3	1.672 8	1.619 1	1.567 4	1.510 8	1.472 8	1.428 4	1.386 0	1.346 2
10	1.307 7	1.271 3	1.236 3	1.202 8	1.170 9	1.140 4	1.111 1	1.082 8	1.055 9	1.029 9
20	1.005 0	0.981 0	0.957 9	0.935 9	0.914 2	0.893 7	0.873 7	0.854 5	0.836 0	0.818 0
30	0.800 7	0.784 0	0.767 9	0.752 3	0.737 1	0.722 5	0.708 5	0.694 7	0.681 4	0.668 5
40	0.656 0	0.643 9	0.632 1	0.620 7	0.609 7	0.598 8	0.588 3	0.578 2	0.568 3	0.558 8

附表 4　一些基本物理常数

物理量	符号	数值	单位
真空中的光速	c_0	$2.997\ 924\ 58\times10^{8}$	$m\cdot s^{-1}$
基本电荷	e	$1.602\ 177\ 33\times10^{-19}$	C
摩尔气体常数	R	8.314 510	$J\cdot mol^{-1}\cdot K^{-1}$
阿伏加德罗常数	L, N_A	$6.022\ 136\ 7\times10^{23}$	mol^{-1}
法拉第常数	F	$9.648\ 530\ 9\times10^{4}$	$C\cdot mol^{-1}$
玻耳兹曼常数	k, k_B	$1.380\ 658\times10^{-23}$	$J\cdot K^{-1}$
真空介电常数	e_0	$8.854\ 188\times10^{-12}$	$F\cdot m^{-1}$
玻尔磁子	m_B	$9.274\ 009\times10^{-24}$	$J\cdot T^{-1}$
普朗克常数	h	$6.626\ 075\ 5\times10^{-34}$	$J\cdot s$

附表 5　不同温度下水的饱和蒸气压

温度/℃	蒸气压/Pa	温度/℃	蒸气压/Pa	温度/℃	蒸气压/Pa	温度/℃	蒸气压/Pa
0	610.48	26	3 360.91	52	13 610.8	78	43 636.3
1	656.74	27	2 564.90	53	14 292.1	79	45 462.8
2	705.81	28	3 779.55	54	15 000.1	80	47 342.6
3	757.94	29	4 005.39	55	15 737.3	81	49 289.1
4	713.4	30	4 242.84	56	16 505.3	82	51 315.6
5	872.33	31	4 492.28	57	17 307.9	83	53 408.8
6	934.99	32	4 754.66	58	18 142.5	84	55 568.6
7	1 001.65	33	5 030.11	59	19 011.7	85	57 808.4
8	1 072.58	34	5 319.28	60	19 915.6	86	60 114.9
9	1 147.77	35	5 622.86	61	20 855.6	87	62 488
10	1 227.76	36	5 941.23	62	21 834.1	88	64 941.1

续附表 5

温度/℃	蒸气压/Pa	温度/℃	蒸气压/Pa	温度/℃	蒸气压/Pa	温度/℃	蒸气压/Pa
11	1 312.42	37	6 275.07	63	22 848.7	89	67 474.3
12	1 402.28	38	6 625.04	64	23 906	90	70 095.4
13	1 497.34	39	6 991.67	65	25 003.2	91	72 800.5
14	1 598.13	40	7 375.91	66	26 143.1	92	75 592.2
15	1 704.92	41	7778	67	27 325.7	93	78 473.3
16	1 817.71	42	8 199.3	68	28 553.6	94	81 446.4
17	1 937.17	43	8 639.3	69	29 328.1	95	84 512.8
18	2 063.42	44	9 100.6	70	31 157.4	96	87 675.2
19	2 196.75	45	9 583.2	71	32 517.2	97	90 934.9
20	2 337.80	46	10 085.8	72	33 943.8	98	94 294.7
21	2 486.46	47	10 612.4	73	35 423.7	99	97 757
22	2 643.38	48	11 160.4	74	36 956.9	100	101 324.7
23	2 808.83	49	11 735	75	38 543.4		
24	2 983.35	50	12 333.6	76	40 183.3		
25	3 167.20	51	12 958.9	77	41 876.4		

附表 6　不同温度下水的表面张力

温度/℃	表面张力/(mN·m^{-1})	温度/℃	表面张力/(mN·m^{-1})	温度/℃	表面张力/(mN·m^{-1})
0	75.64	17	73.19	26	71.82
5	74.92	18	73.05	27	71.66
10	74.22	19	72.90	28	71.50
11	74.07	20	72.75	29	71.35
12	73.93	21	72.59	30	71.18
13	73.78	22	72.44	35	70.38
14	73.64	23	72.28	40	69.56
15	73.49	24	72.13	45	68.74
16	73.34	25	71.97	50	67.91

附表 7　水在不同温度下的折射率

温度/℃	折射率	温度/℃	折射率	温度/℃	折射率
0	1.333 95	19	1.333 07	26	1.332 40
5	1.333 88	20	1.333 00	27	1.332 29
10	1.333 69	21	1.332 90	28	1.332 17
15	1.333 39	22	1.332 80	29	1.332 06
16	1.333 33	23	1.332 71	30	1.331 94
17	1.333 24	24	1.332 61	35	1.331 31
18	1.333 17	25	1.332 50	40	1.330 61

附表 8　不同温度下液体的密度

单位：$g \cdot cm^{-3}$

温度/℃	水	乙醇	苯	汞	环己烷	乙酸乙酯	丁醇
10	0.999 700	0.797 88	0.887	13.570 43	—	0.912 7	—
11	0.999 605	0.797 04	—	13.567 97	—	—	—
12	0.999 497	0.796 20	—	13.565 51	0.785 0	—	—
13	0.999 377	0.795 35	—	13.563 05	—	—	—
14	0.999 244	0.794 51	—	13.560 59	—	—	0.813 5
15	0.999 099	0.793 67	0.883	13.558 13	—	—	—
16	0.998 943	0.792 83	0.882	13.555 67	—	—	—
17	0.998 775	0.791 98	0.882	13.553 22	—	—	—
18	0.998 595	0.791 14	0.881	13.550 76	0.783 6	—	—
19	0.998 405	0.790 29	0.881	13.548 31	—	—	—
20	0.998 204	0.789 45	0.879	13.545 85	—	0.900 8	—
21	0.997 993	0.788 60	0.879	13.543 40	—	—	—
22	0.997 770	0.787 75	0.878	13.540 94	—	—	0.807 2
23	0.997 538	0.786 91	0.877	13.53849	0.773 6	—	—
24	0.997 296	0.786 06	0.876	13.536 04	—	—	—
25	0.997 045	0.785 22	0.875	13.533 59	—	—	—
26	0.996 784	0.784 37	—	13.531 14	—	—	—
27	0.996 513	0.783 52	—	13.528 69	—	—	—
28	0.996 233	0.782 67	—	13.526 24	—	—	—
29	0.995 945	0.781 82	—	13.523 79	—	—	—
30	0.995 647	0.780 97	0.869	13.521 34	0.767 8	0.888 8	0.800 7

附表 9　某些物质的标准摩尔燃烧焓(25℃)

物质		$-\frac{\Delta_c H_m^\ominus}{kJ \cdot mol^{-1}}$	物质		$-\frac{\Delta_c H_m^\ominus}{kJ \cdot mol^{-1}}$
$CH_4(g)$	甲烷	890.8	$(CH_3)_2CO(l)$	丙酮	1 790.4
$C_2H_6(g)$	乙烷	1 560.7	$HCOOH(l)$	甲酸	254.06
$C_3H_8(g)$	丙烷	2 219.2	$CH_3COOH(l)$	乙酸	874.2
$C_4H_{10}(g)$	丁烷	2 877.6	$C_2H_5COOH(l)$	丙酸	1 527.3
$C_5H_{12}(g)$	正戊烷	3 535.6	$CH_2CHCOOH(l)$	丙烯酸	1 368.4
$C_3H_6(g)$	环丙烷	2 091.3	$C_3H_7COOH(l)$	正丁酸	2 183.6
$C_4H_8(l)$	环丁烷	2 721.1	$(CH_3CO)_2O(l)$	乙酸酐	1 807.1
$C_5H_{10}(l)$	环戊烷	3 291.6	$HCOOCH_3(l)$	甲酸甲酯	972.6
$C_6H_{12}(l)$	环己烷	3 919.6	$C_6H_6(l)$	苯	3 267.6
$C_6H_{14}(l)$	正己烷	4 194.5	$C_{10}H_8(s)$	萘	5 156.3
$C_2H_4(g)$	乙烯	1 411.2	$C_6H_5OH(s)$	苯酚	3 053.5
$C_2H_2(g)$	乙炔	1 201.1	$C_6H_5NO_2(l)$	硝基苯	3 088.1
$HCHO(g)$	甲醛	570.7	$C_6H_5CHO(l)$	苯甲醛	3 525.1
$CH_3CHO(l)$	乙醛	1 166.9	$C_6H_5COCH_3(l)$	苯乙酮	4 148.9
$C_2H_5CHO(l)$	丙醛	1 822.7	$C_6H_5COOH(s)$	苯甲酸	3 226.9
$CH_3OH(l)$	甲醇	726.1	$C_{12}H_{22}O_{11}(s)$	蔗糖	5 640.9
$C_2H_5OH(l)$	乙醇	1 366.8	$CH_3NH_2(l)$	甲胺	1 060.8
$C_3H_7OH(l)$	正丙醇	2 021.3	$C_2H_5NH_2(l)$	乙胺	1 713.5
$C_4H_9OH(l)$	正丁醇	2 675.9	$(NH_2)_2CO(s)$	尿素	631.6
$(C_2H_5)_2O(l)$	乙醚	2 723.9	$C_5H_5N(l)$	吡啶	2 782.3

附表 10　一些电极反应的标准电极电势

电对 (氧化态/还原态)	电极反应 (氧化态$+ne^- \longrightarrow$还原态)	标准电极电势 $E^\ominus$/V
H_2O/H_2	$2H_2O+2e^- \longrightarrow H_2(g)+2OH^-(aq)$	−0.827 7
$Zn^{2+}/Zn(Hg)$	$Zn^{2+}(aq)+nHg(l)+2e^- \longrightarrow Zn(Hg)$	−0.762 8
Zn^{2+}/Zn	$Zn^{2+}(aq)+2e^- \longrightarrow Zn(s)$	−0.761 8
Fe^{2+}/Fe	$Fe^{2+}(aq)+2e^- \longrightarrow Fe(s)$	−0.447
Cd^{2+}/Cd	$Cd^{2+}(aq)+2e^- \longrightarrow Cd(s)$	−0.403 0
Co^{2+}/Co	$Co^{2+}(aq)+2e^- \longrightarrow Co(s)$	−0.28

续附表 10

电对 (氧化态/还原态)	电极反应 (氧化态$+ne^-\longrightarrow$还原态)	标准电极电势 $E^\ominus/V$
Ni^{2+}/Ni	$Ni^{2+}(aq)+2e^-\longrightarrow Ni(s)$	−0.257
Sn^{2+}/Sn	$Sn^{2+}(aq)+2e^-\longrightarrow Sn(s)$	−0.137 5
Pb^{2+}/Pb	$Pb^{2+}(aq)+2e^-\longrightarrow Pb(s)$	−0.126 2
H^+/H_2	$2H^+(aq)+2e^-\longrightarrow H_2(g)$	0.000 0
S/H_2S	$S(s)+2H^+(aq)+2e^-\longrightarrow H_2S(aq)$	+0.142
Hg_2Cl_2/Hg	$Hg_2Cl_2(s)+2e^-\longrightarrow 2Hg(l)+2Cl^-(aq)$	+0.268 0
Cu^{2+}/Cu	$Cu^{2+}(aq)+2e^-\longrightarrow Cu(s)$	+0.341 9
O_2/OH^-	$O_2(g)+2H_2O+4e^-\longrightarrow 4OH^-(aq)$	+0.401
Cu^+/Cu	$Cu^+(aq)+e^-\longrightarrow Cu(s)$	+0.521
I_2/I^-	$I_2(s)+2e^-\longrightarrow 2I^-(aq)$	+0.535 5
Fe^{3+}/Fe^{2+}	$Fe^{3+}(aq)+e^-\longrightarrow Fe^{2+}(aq)$	+0.771
Hg_2^{2+}/Hg	$Hg_2^{2+}(aq)+2e^-\longrightarrow 2Hg(l)$	+0.797 3
Ag^+/Ag	$Ag^+(aq)+e^-\longrightarrow Ag(s)$	+0.799 6
$O_2/H^+,H_2O$	$O_2(g)+4H^+(aq)+4e^-\longrightarrow 2H_2O$	+1.229
Cl_2/Cl^-	$Cl_2(g)+2e^-\longrightarrow 2Cl^-(aq)$	+1.358 27
F_2/F^-	$F_2(g)+2e^-\longrightarrow 2F^-(aq)$	+2.866

附表 11　一些离子在水溶液中的极限摩尔电导率(25℃)

正离子	$\Lambda_{m,+}^{\infty}/(\times10^{-4}S\cdot m^2\cdot mol^{-1})$	负离子	$\Lambda_{m,-}^{\infty}/(\times10^{-4}S\cdot m^2\cdot mol^{-1})$
H^+	349.82	OH^-	198.0
Li^+	38.69	Cl^-	76.34
Na^+	50.11	Br^-	78.4
K^+	73.52	I^-	76.8
NH_4^+	73.4	NO_3^-	71.44
Ag^+	61.92	CH_3COO^-	40.9
$\frac{1}{2}Ba^{2+}$	63.64	$\frac{1}{2}SO_4^{2-}$	79.8